中华职业学校 编

Chaoliu Xidian Zhizuo

现代学徒制"西餐烹饪专业"讲义选辑

潮流西点制作

朱莉 赵玲 主编

中西書局

图书在版编目（CIP）数据

潮流西点制作 / 朱莉，赵玲主编；中华职业学校编．
—上海：中西书局，2023.8
（现代学徒制“西餐烹饪专业”讲义选辑）
ISBN 978-7-5475-2133-5

Ⅰ．①潮… Ⅱ．①朱… ②赵… ③中… Ⅲ．①西点—制作—中等专业学校—教材 Ⅳ．① TS213.23

中国国家版本馆 CIP 数据核字（2023）第 135230 号

CHAOLIU XIDIAN ZHIZUO

潮流西点制作

朱莉　赵玲　主编

责任编辑 唐少波
装帧设计 梁业礼
责任印制 朱人杰

出版发行 上海世纪出版集团
中西書局（www.zxpress.com.cn）
地　　址 上海市闵行区号景路 159 弄 B 座（邮政编码：201101）
印　　刷 启东市人民印刷有限公司
开　　本 787 毫米 ×1092 毫米　1/16
印　　张 8.25
字　　数 160 000
版　　次 2023 年 8 月第 1 版　2023 年 8 月第 1 次印刷
书　　号 ISBN 978-7-5475-2133-5/T・020
定　　价 78.00 元

前 言

“潮流西点制作”是中华职业学校西餐烹饪专业现代学徒制试点的一门校企合作课程，也是西餐烹饪专业西点制作方向的一门专业（技能）方向课程。学校根据西餐烹饪专业现代学徒制试点西点制作教学标准的要求，组织行业专家和学校专业教师编写出版了《潮流西点制作》这本校本教材，本书可作为中等职业学校烹饪专业西点制作提升教材，也可作为时下众多西点制作爱好者的参考书籍。

本书针对行业的实际情况，将所有西点制品分为混酥类制品、清酥类制品、蛋糕类制品、面包类制品、其他类制品共五个大类，介绍了二十六种目前市面上流行的西点及其制作方法。每种西点的制作方法，则分为原料准备、工具准备、操作步骤、质量要求等环节，其中操作步骤、原料准备等关键内容都附有清晰而周全的提示，帮助学生突破操作难点。另外还设计了“小贴士”环节，旨在帮助学生提升对原料知识的认知。

中职学生自我意识较强，思维活跃，喜爱新颖、活泼的内容，但学习自控力相对不足，需要一定的外因来激发学习动机。本教材的编写基于中职学生的特点，致力于激发学生兴趣，打破系统性教学模式，让学生运用知识碎片“先下手为强”，变被动学习为主动学习。

因此，本书以能力为主线，以工作任务为中心，以操作步骤为载体开展教学内容，层层引导，步步深入，注重学生的学习体验，注重启发学生的思考、探索。

本教材的编写，得到了学校领导的全力支持和帮助，也得到了现代学徒制试点合作企业上海声强餐饮有限公司和众多行业专家、课程专家的悉心指导。尽管如此，限于笔者的编写时间和知识水平，教材仍然存在许多不足，敬请批评指正。

编　者

2023 年 6 月

目录 CONTENTS

项目一

混酥类制品的制作

混酥类面团是用油脂、面粉、鸡蛋、糖、盐等主要原料调制而成的酥性面团。混酥类糕点是以此为基础面团，配以各种辅料、馅料，通过成形的变化、烘烤温度的控制、不同装饰材料的选择等，制成甜、咸口味的点心。其面坯无层次，产品具有酥、松、脆等特点。

混酥类面团可制成塔、排、派类干点，也可加工成曲奇等饼干类糕点。

混酥类饼干有甜、咸、复合味等多种口味。可在面坯中加入抹茶粉、可可粉、咖啡、巧克力豆、坚果、杂粮等，也可在表面嵌入坚果或抹上芝士等，制成各种风味的饼干。混酥类饼干是西式面点中最常见的品种之一，一般适用于酒会、茶点或餐后食用。

任务一

马赛克饼干的制作

你了解吗

马赛克一词源于古希腊，意为“值得静思、需要耐心的艺术工作”。“马赛克”意指灵巧多变、随心所欲的镶嵌艺术。

马赛克饼干，由两种以上颜色的混酥面团交叉组成，看起来非常神奇，做起来比较简单，吃在嘴里可以有双重或多重口味。

一 原料准备

黄油 140 克、糖粉 70 克、全蛋液 85 克、低筋面粉 190 克、可可粉或绿茶粉 6 克。

二 工具准备

刮板、擀面杖、厨师刀、羊毛刷、烤盘。

三 制作过程

制作面团

① 将黄油软化，加入糖粉用手打发。

② 将蛋液分次加入其中并完全混合。

③ 将打好的黄油糊分成三份。

④ 两份加入过筛的低筋粉，混合均匀，成为原味面团，揉团备用；另外一份加入剩下的低筋粉和可可粉（绿茶粉），成为可可面团（绿茶面团），揉团备用，不要有孔洞。

成形

⑤ 将两个面团都整理成长方形，厚薄和宽度一定要一致；一块面团擀成面皮。

⑥ 原味面团表面刷上一层蛋液，将可可面团放到上面，形状尽量一致，放冰箱冷冻半小时。

⑦ 面团取出，切成长条，刷一层蛋液，再摞一层，颜色要错开；外面裹上原味面皮。

⑧ 最后切成厚度为 0.6—0.8 厘米的薄片，码入烤盘，薄片相互间隔 1 厘米。

烘烤

⑨ 烤箱温度调至上火 170℃、下火 170℃，烘烤 15—18 分钟即成。

小窍门

1. 黄油、糖粉打至稍发阶段，不能打太发，不然做出的面团黏性不好容易散，烤出的产品形状欠佳。

2. 两种面团的软硬度需要保持一致，否则整形困难，产品受热时膨胀不均匀。

3. 面团可以软，但不可以硬，加入面粉后不要过度揉面，以免面糊上筋，影响产品的制作和效果。

4. 建议保留干粉约10—20克，根据软硬情况调整，冬天比夏天加得少，手动搅拌均匀。

四 质量要求

1. 色泽：表面奶黄色和可可色（或绿茶色）间隔、色泽均匀、无焦色。
2. 口感：奶香味、可可香（或茶香）、甜度适中。
3. 质感：香脆、酥松。

任务二

奶酪葡萄干夹心曲奇的制作

一 原料准备

1. 饼干坯：黄油 90 克、常温蛋黄 1.5 个、低筋面粉 190 克、泡打粉 1.5 克、糖粉 75 克、盐 1.5 克。

2. 夹馅：奶油奶酪 100 克、黄油 38 克、香草精 1 克、糖粉 15 克、加州葡萄干 30 克、朗姆酒 50 毫升。

3. 表面刷液：蛋黄半个、牛奶适量。

小贴士

加州葡萄干：营养丰富的日常食品

加州葡萄在充沛的阳光下生长、采摘和自然干化，厂商需要注明的成分只有一种：葡萄干。葡萄干含有多种矿物质、维生素和氨基酸，常食用葡萄干对神经衰弱和过度疲劳有着有效的缓解作用。葡萄干中含有的花青素具有抗氧化作用，可以预防皱纹、老化等。葡萄干中的膳食纤维也可以帮助肠道排出毒素，对新陈代谢也有好处。

关心健康的家长将葡萄干当作孩子的首选零食，因为他们的甜味是天然形成的。他们知道其他干果经常会添加糖分。这种随身零食还包含膳食纤维，而且不含脂肪和饱和脂肪，减少膳食中的脂肪有助于血胆固醇保持正常水平。

二 工具准备

刮板、擀面棒、厨师刀、电子秤、羊毛刷、保鲜膜、电动打蛋器。

三 制作过程

制作饼干坯

① 黄油切小块，软化到用刮板可以轻易抹开，加入糖粉和盐，用刮板稍微加以混合。

② 用中速电动打蛋器将黄油打到发白、蓬松，呈羽毛状。

③ 分 2—3 次加入蛋黄，打到蛋黄和黄油糊完全混合均匀再加下一次，直到蛋液全部加完。

④ 在打好的黄油糊中筛入低粉、泡打粉，最后混合成团。

⑤ 面胚整形成一条长方形饼干坯，用保鲜膜包裹后放冰箱冷冻 30 分钟定形。注意面胚一定要按压均匀，不要有孔洞。

烘烤

⑥取出定形的饼干坯切成1厘米左右厚度的片，均匀排列入烤盘。半个蛋黄过筛后加一点牛奶，搅匀成蛋黄液，均匀刷在饼干坯上。

⑦ 将饼干坯送入预热至上、下火 170℃的烤箱，烘烤 20 分钟。

⑧ 烤至表面金黄，出炉冷却。

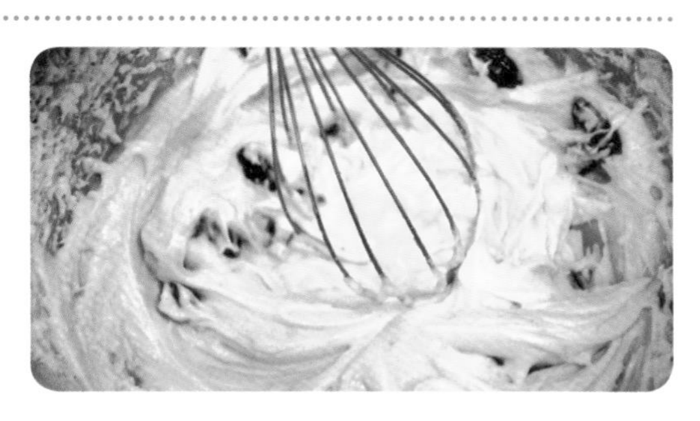

制馅

⑨ 葡萄干用朗姆酒浸泡过夜制成酒渍葡萄干。

⑩ 黄油和奶酪提前切开软化。

⑪ 奶酪放入盆中，隔热水搅打成顺滑糊状，加入糖粉和香草精，继续搅打均匀（可以用电动打蛋器操作）。然后将黄油打发至顺滑蓬松状态，倒回搅打好的奶酪糊中，放入酒渍葡萄干，转低速搅打混合均匀。

组装

⑫ 夹馅装入裱花袋。

⑬ 一片饼干翻面，中间挤上夹馅。

⑭ 将另一片饼干轻轻按压到夹馅上，可略微按扁，让夹馅尽量铺满两片饼干的缝隙。

⑮ 全部完成组装，密封冷藏一天后食用。

四 质量要求

1. 色泽：表面金黄，中间有白色夹馅。
2. 口感：奶味浓郁，复合口味。
3. 质感：酥脆、松软。

任务三

碧根果派的制作

一 原料准备

1. 派皮：低筋面粉 145 克、可可粉 5 克、黄油 60 克、细砂糖 15 克、碧根果仁 200 克。

2. 馅心：红糖 80 克、细砂糖 40 克、黄油 30 克、鸡蛋 30 克。

小贴士

碧根果的功效

碧根果补肾、补中益气、润肌肤、乌须发。据科学测定，每千克碧根果仁相当于5千克鸡蛋或9千克鲜牛奶的营养价值。每100克碧根果仁可产生670千卡热量，是同等重量粮食所产生热量的2倍，因此碧根果是不可多得的美味干果。

碧根果还含有丰富的蛋白质、氨基酸、维生素，有很高的营养价值，并有补脑强身、降低血脂的功效。碧根果跟山核桃属于一类，又名"长寿果"，神经衰弱、失眠者每日早晚各吃碧根果数个，可滋补食疗；尤其是白领女性吃。因为这类人群用脑过度，耗伤心血，常吃碧根果能补脑、改善脑循环、增强脑力。

二 工具准备

刮板、擀面棒、6寸派盘、小奶锅、硅胶刮刀、烤盘。

三 制作过程

制作派皮

① 低筋面粉和可可粉分别过筛后与细砂糖和切成小块的黄油（不用软化）混合均匀。

② 用力抓、搓，使黄油和面粉充分混合均匀，制成光滑的面团；将面团用保鲜膜包起来，放冰箱冷藏 1 小时。

③ 把冷藏好的派皮面团放在案板上，擀开到足够大。

④ 擀好的面团铺在派盘里，用手轻轻按压使派皮贴合派盘，切除多余的派皮；在派皮底部用叉扎一些小孔。

烘烤派皮

⑤ 放入上、下火 180℃的烤箱烘烤 15 分钟，出炉备用。

制馅

⑥ 将生碧根果仁稍稍掰碎，铺在烤盘里，放入预热至 180℃的烤箱，烤 8 分钟，出炉冷却备用。

⑦ 红糖、细砂糖和切成小块的黄油倒入小奶锅，用小火加热并不断搅拌，直到糖全部溶解）。

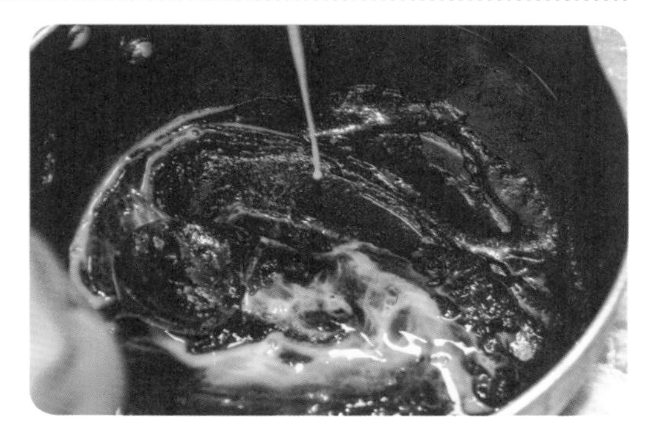

⑧ 待糖液冷却到不烫手的程度以后，倒入打散的鸡蛋液，搅拌均匀。

⑨ 把烤好的碧根果仁倒入蛋糖混合物，拌匀即成碧根果馅。

组合与烘烤

⑩ 将碧根果馅倒入烤好的派皮，平铺均匀，放在烤架或烤盘上，入上、下火170℃的烤箱，烤35分钟出炉，冷却脱模即可。

四 质量要求

1. 色泽：大理石纹的派皮，红褐色的果仁。
2. 口感：焦糖味、碧根果香。
3. 质感：香脆酥松。

任务四

开心果洋梨派的制作

一 原料准备

1. 派皮：黄油 150 克、糖粉 100 克、全蛋 63 克、低筋面粉 250 克、杏仁粉 25 克。

2. 馅：黄油 125 克、糖粉 100 克、杏仁粉 125 克、去皮去核香梨 2 听。

3. 辅料：黄梅果胶若干、绿开心果仁碎若干。

二 工具准备

6 寸派盘、刮板、擀面棒、厨师机、烘焙纸。

小贴士

杏仁粉是杏仁的一种加工产品。杏仁粉含有丰富的纤维质、磷、铁、钙、维生素 B_{17} 及不饱和脂肪酸等重要的营养元素。可以保养皮肤，淡化色斑，使皮肤白嫩。

三 制作过程

制作派皮

① 将黄油、糖粉、净蛋、低筋粉、杏仁粉全部倒入搅拌机混合，打匀成团。

② 取出擀开到足够大，铺到派盘里。

③ 用烘焙纸和大米压住，上、下火 200℃烘烤，时间约 15 分钟。

④ 取出待用。

制馅

⑤ 将黄油和糖粉混合打发。

⑥ 净蛋逐步加入打匀。

⑦ 加入杏仁粉，搅拌均匀。

烘烤

⑧ 装入裱花袋，挤入冷却后的派盘中，每个 115 克左右。

⑨ 香梨整形，铺在上面。

⑩ 放入上、下火为 180℃的烤箱，烘烤 25—30 分钟，出炉冷却。

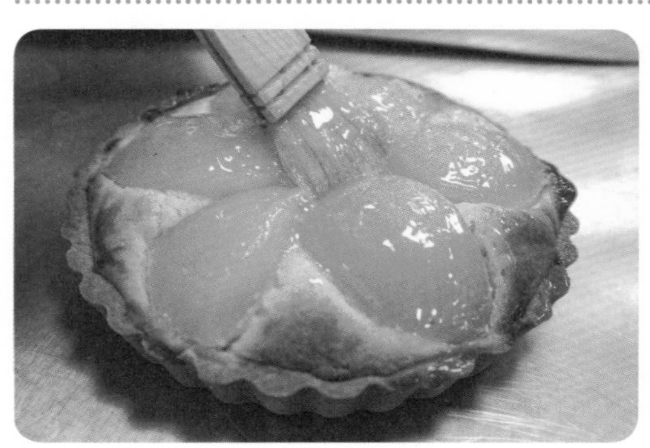

装饰

⑪ 表面刷上黄梅果酱，撒上开心果碎。

四 质量要求

1. 色泽：金黄色、浅黄色、绿色。
2. 口感：奶香、水果香、坚果香，口感丰富。
3. 质感：酥松、软糯。

任务五

可可薄饼的制作

一 原料准备

奶油 95 克、糖粉 80 克、盐 2 克、蛋清 70 毫升、低筋面粉 100 克、奶粉 60 克、可可粉 12 克、杏仁片少许。

二 工具准备

刮板、厨师机、耐高温布、筛网、裱袋。

三 制作过程

① 把奶油、糖粉、盐倒在一起，先慢后快，打至奶白色。

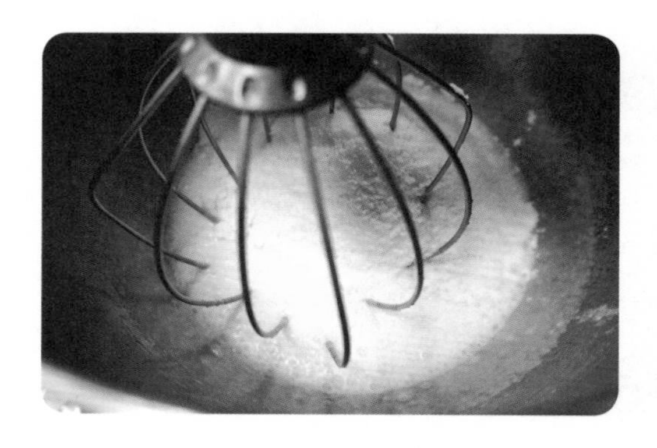

② 分次加入蛋清，拌匀至糊状。

③ 加过筛的低筋粉、奶粉、可可粉拌匀搅透。

④ 装入裱花袋，挤在耐高温布上。

⑤ 表面放上杏仁片装饰。

⑥ 以上下火 130℃烘烤约 20 分钟，出炉冷却即成。

四 质量要求

1. 色泽：咖啡色、白色。
2. 口感：咖啡味、杏仁味。
3. 质感：香脆。

知识拓展

可可的来历

可可最早见于记录的时间大约在公元前2000年。那时候，危地马拉人和墨西哥人在饮料中使用可可。早在巧克力牛奶出现之前，人们就开始使用可可粉、玉米、香草和辣椒的混合香料。

直到1800年，可可才传到非洲。1828年，荷兰人Coenraad van Houten发明了可可研磨机。这台机器将可可豆的液体和固体部分分离出来，使得可可粉可以和其他液体混合。同时期，人们开始在巴西、厄瓜多尔和一些非洲国家种植可可树。

任务六

焦糖肉桂苹果塔的制作

一 原料准备

1. 苹果酱：苹果丁 400 克、糖 240 克、柠檬汁 0.5 毫升、果胶 1 克、肉桂粉 3 克、肉桂条 1 根、苹果力娇酒 5 毫升。

2. 塔皮：低筋面粉 250 克、黄油 125 克、盐 2.5 克、蛋黄 1 个、水 60 毫升。

3. 杏仁奶油：糖 120 克、黄油 120 克、鸡蛋 2 个、杏仁粉 120 克。

4. 卡仕达酱：牛奶 250 毫升、砂糖 50 克、鸡蛋 1 个、蛋黄 1 个、鹰粟粉 30 克。

5. 肉桂奶油慕斯：卡仕达酱 700 克、鱼胶 8 克、肉桂粉 10 克、蛋清 400 毫升、砂糖 100 克。

6. 装饰：薄荷叶。

小贴士

焦糖和肉桂粉

焦糖的味道是甜中带着点微苦，有点类似咖啡的味道，闻着有股煳香味。焦糖是用饴糖、蔗糖等熬成的黏稠液体或粉末，深褐色，有苦味，主要用于酱油、糖果、醋、啤酒等的着色。焦糖是一种在食品中应用范围十分广泛的天然着色剂、是食品添加剂中的重要一员。

肉桂粉又称玉桂粉，是用肉桂或者大叶清化桂的干皮和枝皮制成的粉末调味品，在很多国家都有食用肉桂粉的习惯，而且肉桂粉也是中药的一种。

二 工具准备

烤箱、厨师机、电磁炉、单柄奶锅、筛网、刮刀、圆形刻模、塔模、烘焙纸、擀面杖、打蛋器。

三 操作过程

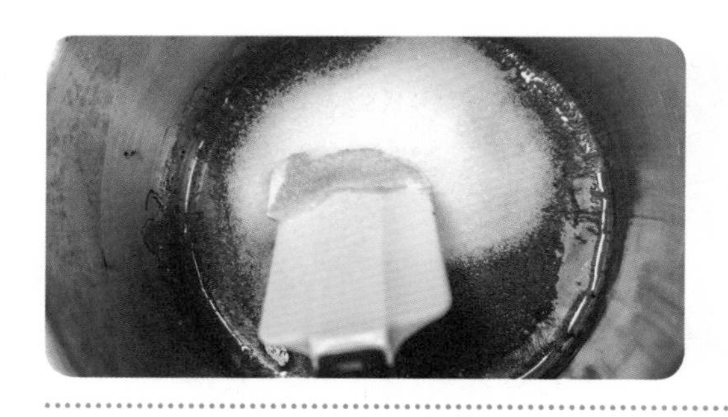

制作苹果酱

① 砂糖放入锅中烧成焦糖。

② 苹果放入焦糖中炒，炒至焦黄色。

③ 加入黄油，再加入肉桂粉和肉桂条，炒至均匀。

④ 加入苹果力娇酒点火，再加入一点水，最后加入果胶拌糖，搅拌均匀，冷却待用。

制作杏仁奶油

⑤ 黄油和糖放入厨师机中搅拌，完全打发。

⑥ 分次加入鸡蛋，搅拌均匀。

⑦ 加入过筛好的杏仁粉，搅拌均匀，待用。

制作塔皮

⑧ 将黄油、盐、糖粉加入厨师机中搅拌，完全打发。

⑨ 分次加入鸡蛋，搅拌均匀。、

⑩ 分次加入水，搅拌均匀。

⑪ 加入过筛好的低筋面粉，搅拌均匀，擀制成5毫米的厚度，放入冷冻冰箱。

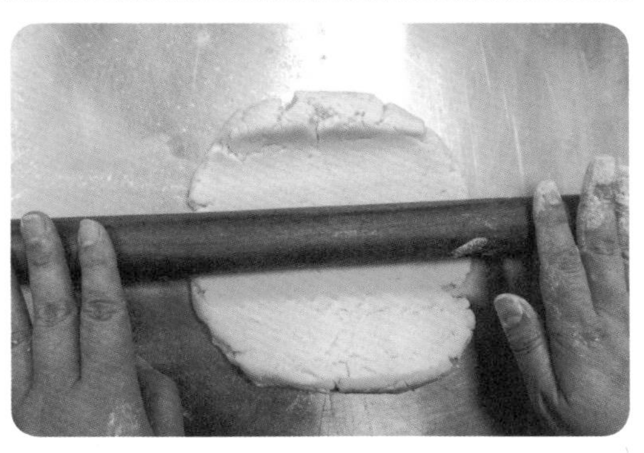

⑫ 冷冻完成之后，将塔皮贴合模具，去除多余的面团。

⑬ 塔皮中挤入杏仁奶油（6 分满）。

⑭ 放入烤箱烘烤 25 分钟，烘烤温度为上火 210℃、下火 190℃。

制作肉桂卡仕达酱

⑮ 鸡蛋、蛋黄、肉桂粉、用打蛋器搅拌均匀后，加入鹰粟粉搅拌。

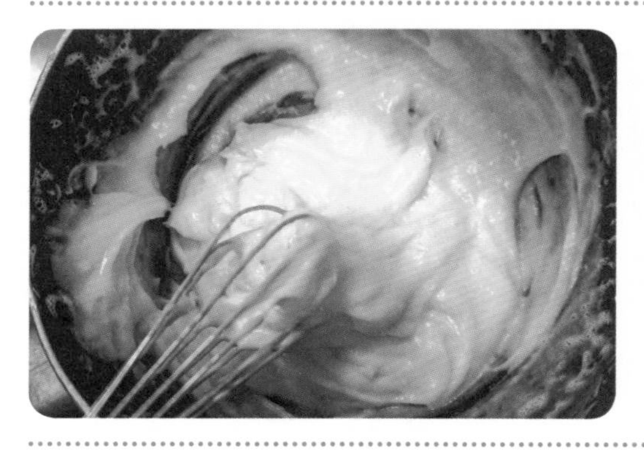

⑯ 用筛网过滤。

⑰ 砂糖熬煮成焦糖后加入牛奶煮开，取一半倒入已过滤的蛋液中搅拌均匀。

⑱ 把搅拌的面糊倒入锅中，调中火顺时针方向不停搅拌至糊状，冷却待用。

制作玉桂奶油慕斯

⑲ 取适量的水倒入烧好的肉桂卡仕达酱里面用均质机调匀，冷却至 40℃备用。

⑳ 蛋清隔水加热至 30℃后与砂糖打发，砂糖分 3 次加入，打至湿性发泡。

㉑ 取三分之一的蛋清与肉桂卡仕达酱搅拌均匀。

㉒ 把搅拌好的肉桂卡仕达酱反冲回余下的蛋清里面继续搅拌。

㉓ 搅拌好的肉桂慕斯料倒入与塔壳大小一致的模具内，抹平，放入冷冻冰箱。

组合与装饰

㉔ 待烘烤好的塔皮冷却去模。

㉕ 将苹果果酱在塔壳里面铺满与塔壳平齐。

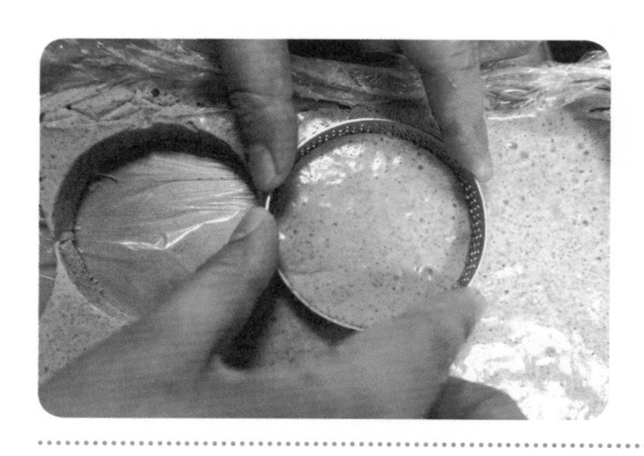

㉖ 把玉桂奶油慕斯取出，在其表面用筛网均匀的撒上黄糖用喷火枪快速烧至焦糖色，放至塔的顶部。

㉗ 最后用焦糖肉桂苹果丁和薄荷草装饰点缀。

小窍门

1. 苹果酱中的苹果需要的口感是酥脆，翻炒时间不宜过长。

2. 慕斯上的焦糖加热不宜颜色过深，否则会影响口感同时也会导致慕斯软化。

四 质量要求

1. 色泽：焦糖色。
2. 口味：焦糖肉桂香。
3. 质感：酥脆、柔软、滑爽。

知识拓展

法式苹果塔

苹果塔是法国传统甜点之一，历史非常悠久，早在16世纪时就已经出现在当地食谱中。现如今烘焙师们技术的不断提升，人们多元化的口味，在原先的焦糖苹果塔的基础上进行改善丰富了口感，焦糖肉桂的碰撞中配上酥脆的苹果酱既能品尝到苹果的颗粒与软绵的慕斯再搭上松脆的塔壳，这种刚中带柔的层次感随着你的慢慢咀嚼，慢慢地在舌尖上放肆绽开，绝对野蛮与狂暴地掠过你的味蕾和感官神经，让你难以忘怀，在心中记住这特别的味道。

项目二

清酥类制品制作

清酥类西点的面团是以面粉为主料，通过调制而成的冷水面与油脂互为表里，擀叠而成的酥性面团。根据制品对酥性要求的不同，清酥类西点一般可以采用三折法或四折法擀制酥性面团，面坯具有层次清晰的特性。可以在酥皮内添加各种馅料，制成咸、甜口味不同的西点。

清酥类西点的酥皮具有酥松、略脆的特点。

任务一

双色蝴蝶酥的制作

一 原料准备

中筋粉 200 克、全蛋 25 克、水 110 克、黄油 20 克、酥皮油 160 克、可可粉 10 克、砂糖 80 克。

二 工具准备

刮板、油纸、擀面杖、保鲜膜、厨师刀。

三 操作过程

① 一半面粉、蛋液、水、黄油一起搅拌均匀成光滑面团，静置松弛 15 分钟。

② 另一半面粉、蛋液、水、黄油、可可粉一起搅拌均匀成光滑面团，静置松弛 15 分钟。

③ 将松弛好的面团擀成长方形面片，长度为油片 2 倍左右，宽度比黄油片稍宽一点点。包裹住油片，左右包裹住，接缝在当中，接缝及上下接口压紧。

④ 用擀面杖将面片上下擀开。将面片从 1/3 处向内折叠。另外一边也同样向内折叠，完成第一次三折。

⑤ 旋转 90 度，进行第二次擀开，完成第二次三折。入冰箱冷藏松弛 20 分钟。

⑥ 松弛好的面团取出，按之前步骤，完成第三、第四次的三折。再入冰箱冷藏。

⑦ 将冰箱中冷藏的两块面皮取出，擀开，其中一张表面刷层水，叠放在一起，然后在表面撒上砂糖，两边向中间对折。

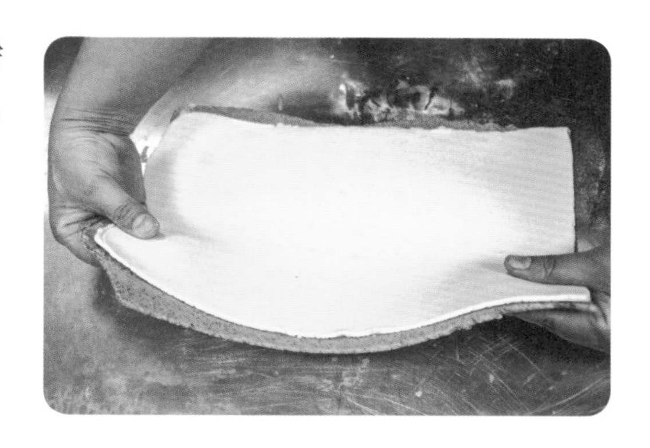

⑧ 成形后切成 1 厘米左右厚的生坯，表面撒白砂糖。

⑨ 放入上火 200℃、下火 180℃的烤箱内，烘烤 20 分钟，至酥皮呈金黄色、成熟即可。

小贴士

1. 蝴蝶酥大小根据千层酥皮大小而定，可以随意；2. 卷起不用过于紧实，不然卷起部分比较难以绽开；3. 如果夏天制作，因为室温比较高，油容易融化，每次折叠之后需要把面团放入冰箱进行松弛。如果冬天制作，放在室温下松弛是可以的；4. 如果时间允许，最后一次松弛的时间长点更好。

四 质量要求

1. 色泽：赭黄相间。
2. 口味：香甜。
3. 质感：松脆。

知识拓展

酥皮的种类

酥皮有许多不同种类，质地也大不相同，由各种形式的颗粒组成，入口咀嚼时就会碎裂散回颗粒状。

· 酥脆酥皮（crumbly pastry）会裂解成不规则的细小颗粒。种类有松脆酥皮（short pastry）、铺底用脆皮酥皮（pâte brisée）。

· 薄片酥皮（flaky pastry）会裂解成不规则的细小薄片。种类有美式派皮（American Pie crust）。

· 千层酥皮（laminated pastry）是由大片而分散、十分细薄的酥皮层层构成，入口就粉碎成脆弱的细小碎片。种类有起酥皮（Puff pastry）、薄酥皮（phvllo）、酥皮卷（strudel）。

· 千层面包（laminated bread）结合千层酥皮的层理结构和面包的软韧嚼劲。种类有法式牛角面包（croissant）、丹麦奶酥（Danish pastry）。

这么多酥皮种类的构造、质地都取决于两个关键要素：脂肪如何拌入面团，以及面粉面筋的形成情况。酥皮制作者把脂肪揉入面团，目的是以脂肪区隔出细小的面团区块，要不然就是区隔出大团的甚至整片的面团（也可能同时区隔出这两种团块）。酥皮师傅往往会小心控制面筋的形成情况，免得做出的面团很难塑形，而烘烤出的酥皮又不够酥软细致。

任务二

无花果拿破仑的制作

你了解吗

拿破仑酥的名字起源于一个误会，其实它与法国皇帝拿破仑并没有什么关系。最早起源于意大利，本名Napolitain，指一种来自意大利Naples（那不勒斯）的酥皮名字，不知怎么的，就被传成了Napoleon（拿破仑）。在拿破仑的故乡法国，拿破仑酥的名字叫作Mille feuille（千层饼），即有千层酥皮的意思，因此，他又被称作法式千层酥。

一 原料准备

面皮：高筋粉150克、低筋粉250克、酥皮油160克、黄油60克、盐4克、水130克。

馅料：牛奶250克、砂糖50克、鸡蛋50克、蛋黄20克、鹰粟粉30克、新鲜无花果200克、橙味果酒15毫升。

小贴士

无花果的食用价值

无花果富含糖、多种蛋白质、维生素、酶类等人体必需的营养素，食用有助消化、止泻润肺利咽等作用。无花果肉质细腻软糯，口味清甜，是深受大众喜爱的一种果品，尤其适宜老人小孩食用，孕妇也可食用。无花果中含有大量的膳食纤维和低卡路里，对减肥有很好的效果，是很好的保健食品。无花果汁也可代替烘焙类食物中的黄油或油。

二 工具准备

厨师机、压面机、刮刀、擀面杖、牛角尖刀、蛋刷、裱花袋、10厘米刻模、8厘米刻模。

三 操作过程

面团

① 高筋粉、低筋粉、黄油、盐和水一起拌匀成光滑面团，静置松弛15分钟。

② 将松弛好的面团擀成长方形面片，长度为油片2倍左右，宽度比黄油片稍宽一点点。包裹住油片，左右包裹住，接缝在当中，接缝及上下接口压紧。

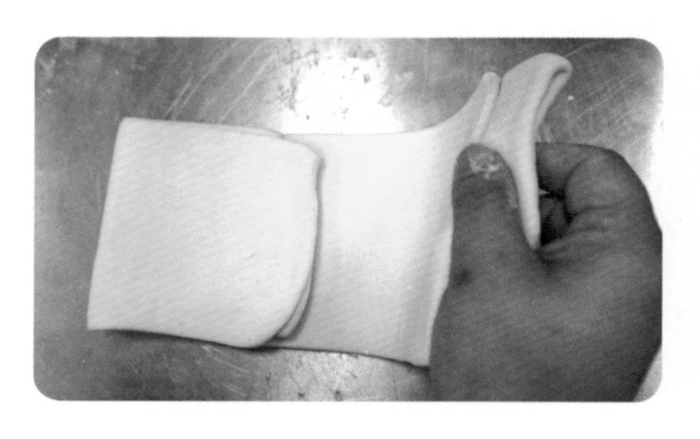

③ 用擀面杖将面片上下擀开。将面片从1/3处向内折叠。另外一边也同样向内折叠，完成第一次三折。

④ 旋转90度，进行第二次擀开，完成第二次三折。入冰箱冷藏松弛20分钟。

⑤ 松弛好的面团取出，按之前步骤，完成第三、第四次的三折。再入冰箱冷藏。

⑥ 成形：将面团压至 0.3 厘米厚，直径 10 厘米花边刻模刻出 2 个坯皮，中间用小号花边刻模镂空烘烤。烘烤温度，上火 180℃、下火 170℃，时间 15—20 分钟。

⑦ 馅料：将酒浸的部分新鲜无花果拌入卡仕达酱中。

⑧ 装饰：将剩余的酒浸无花果切片装饰在表面上即可。

操作提示

卡仕达酱的制作：

1. 砂糖加入鸡蛋、蛋黄用打蛋器搅拌。
2. 加入鹰粟粉搅拌。
3. 用筛网过滤。
4. 牛奶倒入锅中煮开，取一半倒入已过滤的蛋液中搅拌均匀。
5. 把搅拌的面糊倒回锅中，调中火按顺时针方向不停搅拌，使其呈糊状。
6. 冷却待用。

四 质量要求

1. 色泽：金黄色。
2. 口味：香甜。
3. 质感：酥脆、柔软。

知识拓展

千层酥的艺名“拿破仑”

真正地道的法式拿破仑，是在三层脆脆的酥皮之间挤上两层 custard（蛋奶糊），常为原味或香草味。为了表达它的酥皮有超多层，所以夸张地起名为“千层酥”（Mille-feuille）。

那么，千层酥的艺名“拿破仑”到底是怎么来的呢？作为一款历史悠久的老字号法式糕点，千层酥（Mille-feuille）的最初来源一直不详。后来有人说它的原型是意大利那不勒斯的一种杏仁蛋糕，那不勒斯的法语写作 Napolitain，跟法国君主拿破仑的名字 Napoléon 很相近，人们可能觉得把拿破仑吃掉还挺厉害的，所以就把千层酥叫作拿破仑了。

今天，法国人一般都会叫它 Mille-feuille，只有传统杏仁口味的才会叫 Napoléon。注意，到了法国，菜单和糕点店里写的基本都是 Mille-feuille。

任务三

黑松露椰香牛肉咖喱角的制作

一 原料准备

1. 面皮：中筋粉 200 克、蛋 25 克、水 110 克、黄油 20 克、酥皮油 160 克、白砂糖 50 克。

2. 馅心：咖喱牛肉馅 100 克、黑菌酱 50 克。

二 工具准备

刮板、油纸、西餐厨刀、直尺、羊毛刷。

三 制作过程

① 制馅：咖喱牛肉馅拌入黑菌酱。

② 面团：将高筋粉、低筋粉、黄油、盐、水、糖一起搅拌均匀成光滑面团，静置松弛 15 分钟。

③ 包入酥皮油，再撒上干面粉，用擀面杖擀成长方形。一折三后，入冰箱冷藏 1 小时。

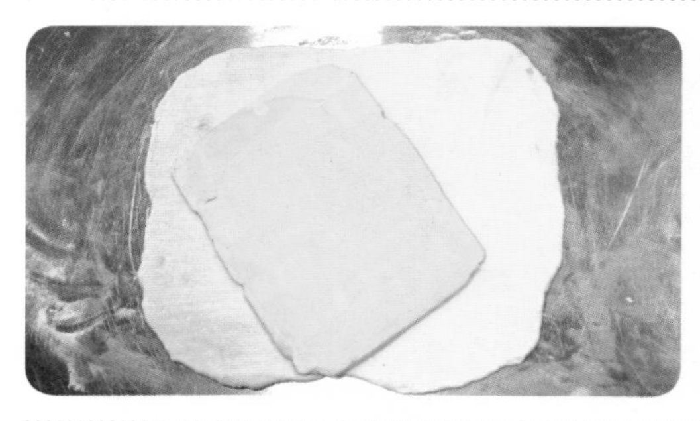

④ 将冰箱中松弛好的面团取出，在案板上撒些面粉防粘。将面团擀成长方形面片，长度为油片 2 倍左右，宽度比黄油片稍宽一点点，包裹住油片。完成两次三折。

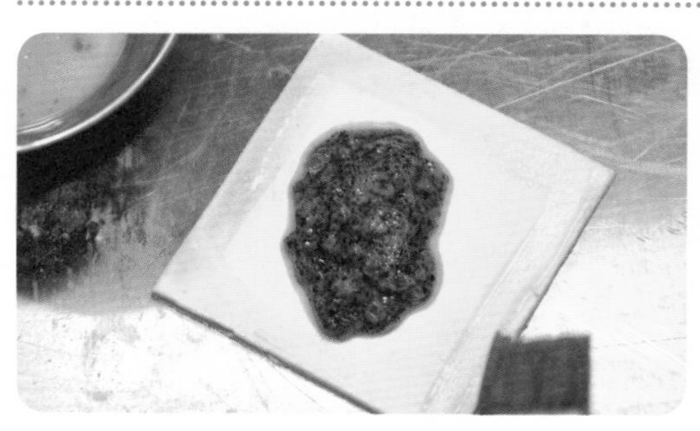

⑤ 取出松弛好的面皮，擀成长方形，用西厨刀分割成 7×8 厘米的长方形，稍稍擀薄擀平，放入馅心。在其对角上涂蛋液，然后对折成三角形，上层略微超出下层，按压黏合。

⑥ 在生坯面皮刷上蛋液，以 200℃烘烤 12 分钟即成。

四 质量要求

1. 色泽：金黄色。
2. 口味：咸香、松露味。
3. 质感：酥脆。

任务四

奥地利苹果卷的制作

一 原料准备

1. 面团：高筋面粉 150 克、鸡蛋 1 个、温水 50 毫升、盐 1 克。

2. 馅心：苹果丁 500 克、南瓜子 50 克、酒渍葡萄干 50 克、蔓越莓干 20 克、白糖 60 克、干花 50 克、肉桂粉适量、柠檬汁适量、面包糠 100 克、无盐黄油 50 克。

二 工具准备

刮板、西餐厨刀、小奶锅、羊毛刷。

三　制作过程

制作面团

① 将高筋面粉、鸡蛋、温水、盐等面皮所有的材料混在一起，揉 5 分钟左右至光滑。

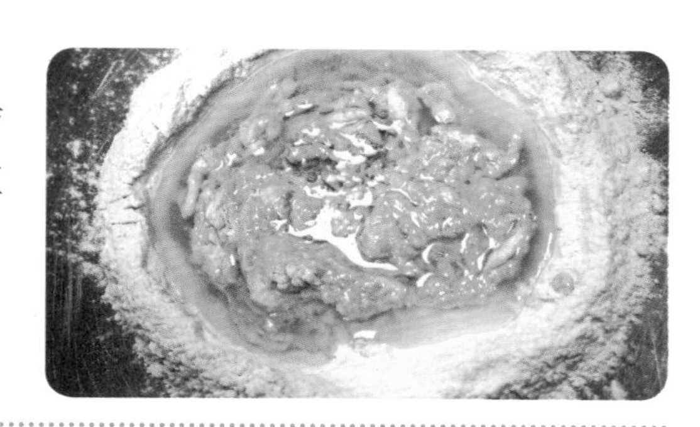

② 将揉好的面团放入抹有少许色拉油的碗中，表面再抹一层色拉油，盖上保鲜膜，在室温下静置松弛 1 小时。

制馅

③ 苹果丁浇上适量柠檬汁拌匀，防止氧化变色。

④ 将南瓜子、酒渍葡萄干、蔓越莓干、白糖、肉桂粉、柠檬汁、面包糠、洗净的干花瓣等放入拌匀。

⑤ 再将小块黄油融化，倒入以上，略微翻炒，即制成馅料。

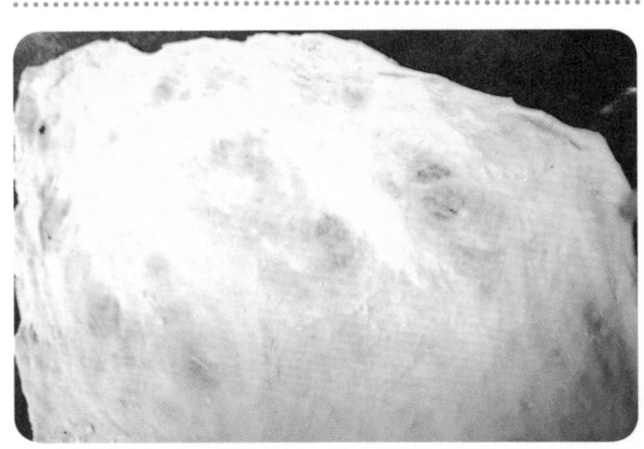

成形与烘烤

⑥ 将醒发好的面团分成四份，尽量拉成长方形薄皮。

⑦ 馅料放入，将面皮两侧折叠，然后从一端小心卷起来。

⑧ 卷好后摆放在铺有硅胶垫的烤盘上，刷一层无盐黄油。

⑨ 烤箱上、下火 180℃，烘烤 30 分钟，至表面呈金黄色取出。

⑩ 表面撒上糖粉，切开即成。

四　质量要求

1. 色泽：金黄色。
2. 口味：香甜。
3. 质感：外酥里嫩。

知识拓展

脂肪替代品

脂肪具有湿润、软化的作用，有些浓缩果泥（特别是干果李、苹果、杏和梨）可以模拟这些功用，不过脂肪的产气功能则模拟不出来。果泥富含黏性植物性碳水化合物，主要成分是果胶和半纤维素，能锁住水分，还能阻断面筋和淀粉混合。因此，这类果泥可以用来代替蛋糕食谱中的部分脂肪。最后成品通常湿润而柔软，却也比全脂肪蛋糕更密实。

项目三

蛋糕类制品的制作

蛋糕是面粉、蛋、糖和奶油（或酥油）交织而成的，其细致的构造能入口即化，散发出慵懒舒适的情调。蛋糕中的糖分与脂肪含量往往多于面粉。蛋糕还可以作为基底，再添加更甜、更浓的蛋奶冻、鲜奶油、糖霜、果酱、糖浆、巧克力和香甜酒（利口酒）。蛋糕往往造型多变，装饰精美，透露出一种华贵气质。

任务一

酸奶女王卷的制作

一 原料准备

全蛋20只、幼砂糖260克、淡奶油500克、酸奶油400克、牛奶210克、蜂蜜75克、黄油50克、低筋粉40克、塔塔粉5克、防潮糖粉5克。

小贴士

酸奶油

酸奶油是发酵制品，是由乳酸菌盒风味产生菌发酵的稀奶油制品。乳酸菌的酸度让水相所含酪蛋白凝聚在一起，构成网络，让水分动弹不得。有些菌种还会分泌出碳水化合物长链分子，进一步提高水相稠度，兼具稳定作用。质地较不浓稠，风味较清爽。由于酸奶油蛋白质含量低，因此比较耐热。

二 工具准备

厨师机、电磁炉、网筛、打蛋器、抹刀、刮刀、不锈钢盆、擀面杖、锯齿刀。

三 操作过程

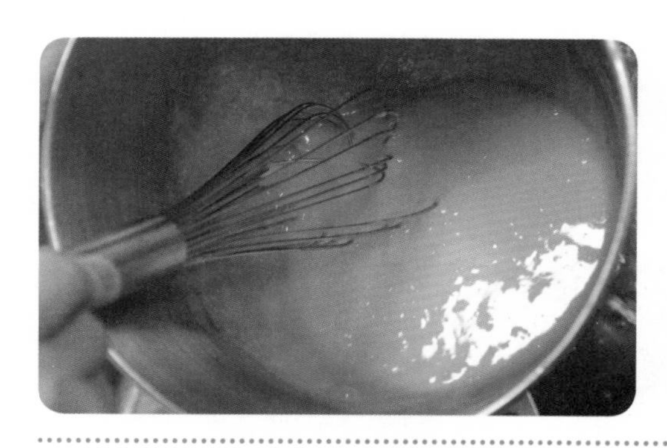

① 蛋黄液与蜂蜜糖混合加热至 40℃打发待用。

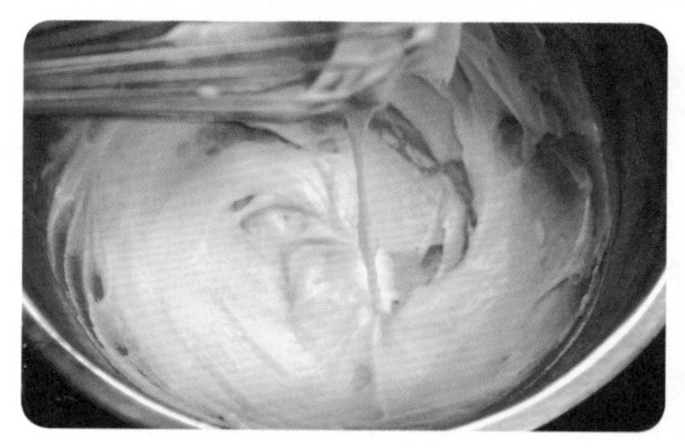

② 牛奶与面粉，水煮泡芙糊状，80℃左右，降温至 40℃。

③ 将以上两部分混合搅拌均匀。

④ 蛋清、糖和塔塔粉，搅拌至湿性发泡。

⑤ 黄油隔水加热，搅拌均匀。

⑥ 烘烤温度：上火 180 ℃，下火 150℃。

⑦ 烘烤时间：烘烤 12 分钟后，方向调换，再继续烘烤约 6 分钟即可。

操作提示

1. 液体与面粉混合时，搅拌均匀即可，不宜过久，否则面粉容易起筋，影响蛋糕的口感。

2. 蛋白打发时要比戚风的软一些，6 成打发即可（提起打蛋器倾斜 45 度，呈现出弯钩状即可）。蛋白打发过度，蛋糕体的支撑性会比较好，卷蛋糕卷时容易出现开裂现象。

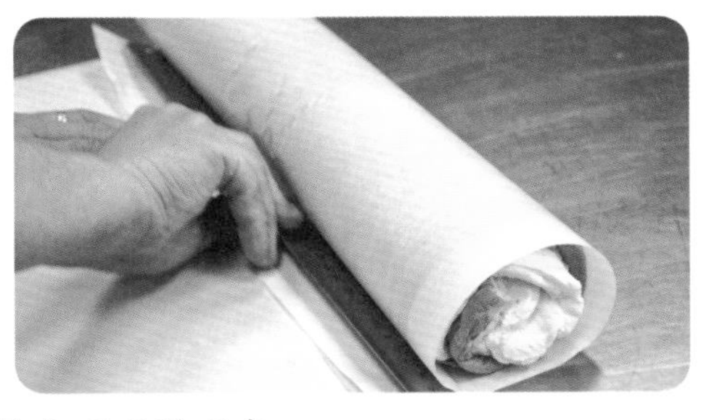

3. 卷的时候借助擀面杖或钢尺，一边用把油纸卷入擀面杖，一边将蛋糕推成卷状，整个卷用油纸包入蛋糕，冷藏待用。

小贴士

烘烤对蛋糕卷的成败起到至关重要的作用

1. 烤箱温度不均匀，会导致蛋糕起鼓包。温度不均匀，我们可以采取调转烤盘的方法调整。烘烤中出现鼓包，则可以用牙签将其扎破，上火温度不足，会导致蛋糕卷掉皮。

2. 温度过高或烘烤时间过长，蛋糕体水分被蒸发，会导致蛋糕体不够柔软，卷蛋糕卷时出现开裂。

3. 西式面点制作中常需要各种手法配合制品的成形，使制品拥有各种形态的外观。卷制是将柔性薄状原料按需卷成粗细均匀的筒状的工艺手法。卷制卷筒蛋糕时，一手拿坯料，另一手拿模具，双手配合将坯料卷在模具上。

四 质量要求

1. 色泽：表面金黄色。

2. 口味：酸奶味浓郁醇厚，化口性好。

3. 质感：蛋糕海绵质地，光泽度好，表面平整。

知识拓展

瑞士卷与女王卷

瑞士卷最先由瑞士传入美国。1950 年代“美国小麦协会”为了推广美国的面粉，才大力推广此类糕点到中国台湾的。由于推广已久，所以瑞士卷在台湾是很普遍的糕点，几乎成为每间西点面包店必备的常青产品。它不是瑞士的特产，只不过可能台湾同胞最初发现它的地点在瑞士，也可能和香港“豉油西餐”命名瑞士鸡翅一样，搞错了 sweat 的译名，因此叫其“瑞士卷”。

女王卷做工精致，有人说是维多利亚女王最喜爱海绵蛋糕的这种吃法（一层奶油一层果酱）而得名，所以叫女王卷。女王卷热量比较高，所以食用需要适量，而且不适合吃高糖食品的人要尽量避免食用。

任务二

蔓越莓奇亚籽磅蛋糕的制作

一 原料准备

杏仁膏 76 克、幼砂糖 332 克、鸡蛋 360 克、蛋糕粉 300 克、泡打粉 5 克、黄油 300 克、朗姆酒 50 毫升、柚子酱 20 克、蔓越莓 80 克、奇亚籽 30 克。

小贴士

奇亚籽

奇亚籽是一种外形很小的籽，呈现椭圆形，颜色有米黄色到深咖啡色。奇亚籽之中含有丰富的不饱和脂肪酸和天然的抗氧化剂，所以成为近几年来非常受欢迎的保健营养品。根据美国研究发现，奇亚籽之中含有丰富的膳食纤维，所以奇亚籽是非常很好的减肥食品。奇亚籽含有人体所需的氨基酸，具有很高的营养价值，所以不少人喜欢吃奇亚籽，也是因为它对人体具有很强的滋补和保健作用。

奇亚籽被公认为现代的新食品原料，不会引起任何的过敏和毒副作用，所以奇亚籽是很受追求健康人士的欢迎的。特别是欧美国家，很多人都喜欢吃奇亚籽。奇亚籽的应用也是非常广泛，是食品、医药、保健产品的重要原料。

二　工具准备

筛网、刮刀，厨师机、硅胶模具。

三　操作过程

① 将杏仁膏放微波炉中软化。

② 将软化后的杏仁膏和黄油混合，加入糖一起打发。

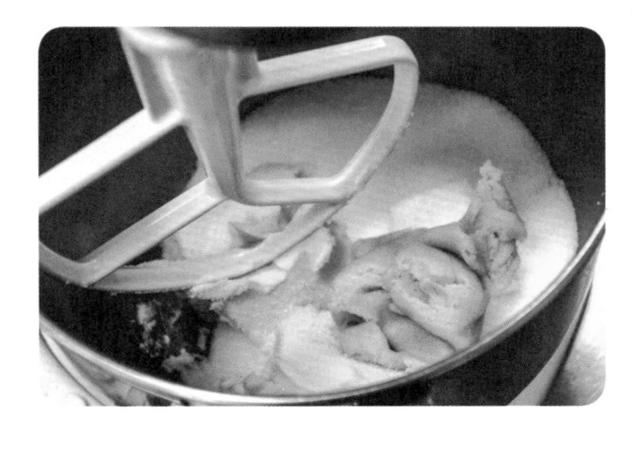

③ 将鸡蛋逐个加入，直至拌匀为止。

④ 加入过筛后的蛋糕粉和泡打粉，一起搅打拌匀，最后加入酒渍的蔓越莓、奇亚籽。

⑤ 拌匀后分装入模具内，入上、下火 180℃烤箱，烘烤 45 分钟左右即成。

操作提示

1. 朗姆酒和蔓越莓提前 2 小时浸泡。
2. 加入鸡蛋时要逐个加入，避免水油分离。

四 质量要求

1. 色泽：金黄色。
2. 口感：香甜。
3. 质感：松软。

知识拓展

磅蛋糕

磅蛋糕也称重油蛋糕，因为油脂含量比较高而得名，使用大量的糖、油以及其他配料制作而成。重油蛋糕特点是比较敦实，口感比较紧密瓷实，甜度和香味也比较浓郁。

进入20世纪之后的好长一段时间，正宗膨发蛋糕仍以英国的磅蛋糕为代表。法国称这种蛋糕为“四个四分之一”，因为内含四种等重的主要成分：构成蛋糕结构的面粉和蛋，还有削弱蛋糕结构的黄油和糖。这几种配料的比例恰当，能使淀粉与蛋白质在柔嫩、轻盈结构上支撑脂肪与糖的能力发挥到极致。黄油或糖分太多会使结构崩塌，让蛋糕变得密实而厚重。而由于蛋糕面糊必须在没有酵母的协助下打入许多细小气泡（因为酵母产气速度太慢，面糊无法保住气泡），因此传统蛋糕制作过程相当辛苦。

任务三

原味重芝士蛋糕的制作

一 原料准备

1. 饼干底：巧克力饼干 100 克、无盐黄油 50 克。

2. 面糊：奶油奶酪 300 克、糖 135 克、黄油 20 克、蛋黄 3 个、蛋清 3 个、柠檬汁 3 毫升、蓝莓 5 颗。

二 工具准备

刮板、锡箔纸、厨师机、6 寸慕斯圈。

三 操作过程

制作饼干底

① 将融化的黄油倒入压碎的巧克力饼干内拌匀。

② 倒入底部垫有锡箔纸的模具内压平，放入冰箱冻至凝固备用。

制作面糊

③ 将奶油奶酪搅拌至软滑，加入黄油拌匀，加入糖、蛋黄搅拌至溶化均匀。

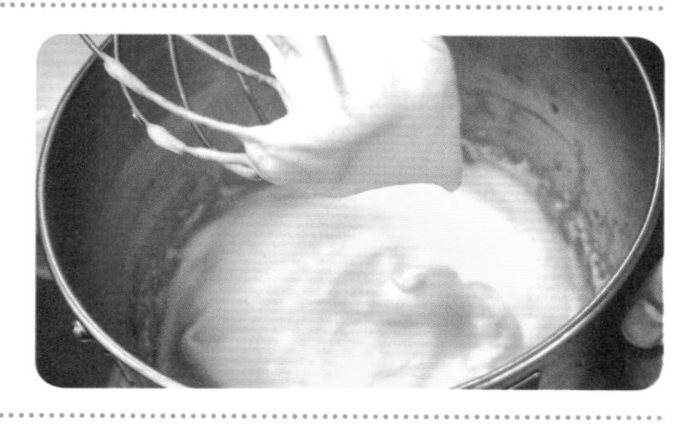

④ 倒入柠檬汁拌匀，将蛋清加糖搅拌至湿性发泡后混合备用。

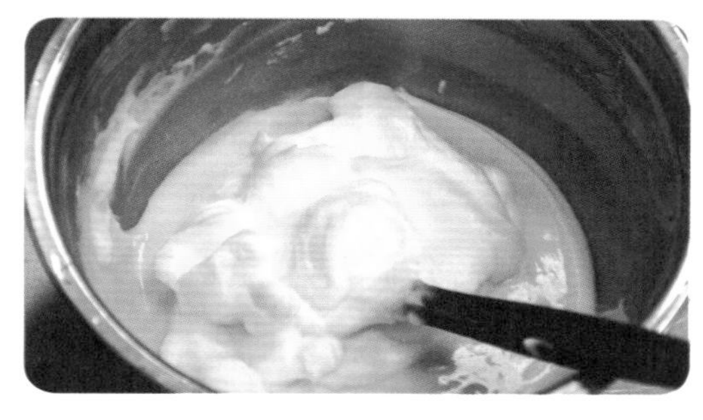

烘烤

⑤ 将面糊倒入盛放饼干底的模具内抹平，进入 160℃的烤炉隔水烤 70 分钟。

⑥ 出炉放凉，再放入冰箱冻 2 小时，取出脱模装饰即成。

四 质量要求

1. 色泽：金黄。
2. 口感：醇厚的奶酪香。
3. 质感：绵密软糯。

任务四

海盐咸味花生巧克力蛋糕的制作

一 原料准备

1. 巧克力蛋糕：黄油 200 克、糖 240 克、鸡蛋 160 克、蛋糕粉 96 克、泡打粉 2 克、黑巧克力 145 克、多味花生适量。

2. 海盐焦糖酱：糖 135 克、水 50 毫升、葡萄糖 15 克、奶油 135 毫升、海盐 3 克。

3. 花生奶油：奶油 225 克、葡萄糖 12 克、转化糖 12 克、牛奶巧克力 175 克、花生酱 75 克、打发奶油 175 克、鱼胶片 5 克。

小贴士

巧克力

巧克力是以可可浆和可可脂为主要原料制成的一种甜食。它不但口感细腻甜美，而且还具有一股浓郁的香气。巧克力可以直接食用，也可被用来制作蛋糕、冰激凌等。在浪漫的情人节，它更是表达爱情少不了的主角。

巧克力绝对是风味最浓郁又最复杂的食物之一。除了本身的微酸和明显苦涩味以及添加糖分的甜味之外，化学家还在巧克力当中发现了600多种挥发性分子。尽管烘焙过后所产生的基本特质大都由其中少数几种而来，却仍有多种分子能增加风味的深度和广度。巧克力的浓郁风味出自两个因素。首先是可可豆的固有风味潜能、这种潜能和糖及蛋白质的结合，还有能把这些成分分解为风味要素的酵素。第二个因素是巧克力繁复的制作过程，结合了微生物和高温两者的化学创造能力.

二 工具准备

电磁炉、耐高温溜板、刮刀，模具、裱袋、裱头。

三 操作过程

制作巧克力蛋糕

① 将黄油和糖打发，逐个加入鸡蛋拌匀。

②将黑巧克力融化倒入继续拌匀，加入过筛的粉类，拌匀倒入模具；入190℃烤箱烘烤18分钟左右。

制作海盐焦糖酱

③将奶油加热待用。

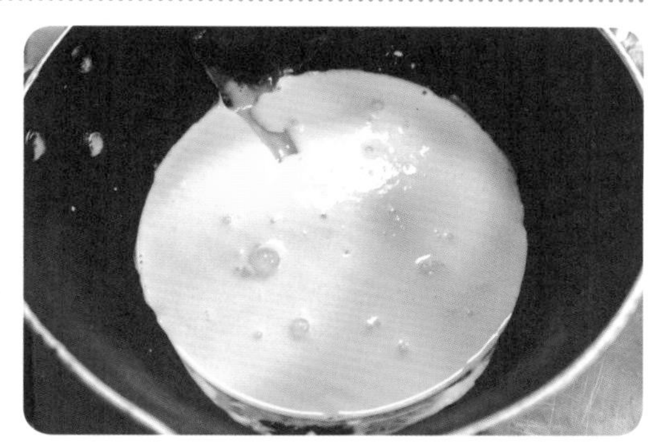

④把糖、水和葡萄糖放锅内煮成焦糖，倒入加热的奶油拌匀继续煮沸，加入海盐调味，过滤冷却。

制作花生奶油

⑤将鱼胶片放入冷水中泡软。

⑥将奶油、葡萄糖、转化糖混合后煮开倒入牛奶巧克力，搅拌至光滑无颗粒，加入泡软的鱼胶片拌匀，再将花生酱加入。

⑦ 将打发奶油和花生巧克力酱拌匀即成，放入冰箱冷藏。

组合

⑧ 将焦糖酱抹在巧克力蛋糕上，裱上冷藏后的花生奶油，撒上多味花生装饰即成。

操作提示

1. 巧克力溶解时注意不要碰到水。
2. 煮焦糖酱时注意不要烫伤。

四 质量要求

1. 色泽：巧克力色。
2. 口感：甜，花生巧克力味。
3. 质感：松软。

知识拓展

转化糖

转化糖是用稀酸或酶对蔗糖作用后所得含等量的葡萄糖和果糖的混合物。糖液在加热沸腾时，蔗糖分子会水解为 1 分子果糖和 1 分子葡萄糖。这种作用称为糖的转化，两种产物合称为转化糖。

糖溶液经加热沸腾后便成为糖浆，也就是转化糖浆。糖的转化程度对糖的重结晶性质有重要影响。因为转化糖不易结晶，所以转化程度越高，能结晶的蔗糖越少，糖的结晶作用也就越低。控制转化反应的速度能在一定程度上控制糖的结晶。酸（如有机酸）可以催化糖的转化反应，葡萄糖的晶粒细小，两者均能抑制糖的结晶返砂，或得到细小结晶（微晶），使制品细腻光亮。

在制作膏类装饰料如奶油膏和蛋白膏时，通常要将糖浆熬至 116—118℃，达到这种转化程度的糖浆，当加入到打发的奶油或蛋清中时，不仅可以形成光滑的糖膏，而且由于糖浆的高黏稠度，使蛋清或奶油中的泡沫更加稳定。

任务五

焦糖巧克力流心沙布雷的制作

一 原料准备

1. 巧克力甜面团：黄油 35 克、糖粉 30 克、蛋黄 20 克、蛋糕粉 60 克、可可粉 15 克。

2. 沙布雷面团：黄油 70 克、糖粉 20 克、盐之花 4 克、熟蛋黄 4 克、蛋糕粉 60 克、土豆淀粉 12 克。

3. 焦糖牛奶巧克力甘纳许：淡奶油 120 毫升、法芙娜焦糖牛奶巧克力 130 克。

4. 酥脆帕里尼：法芙娜榛子巧克力 40 克、薄脆 20 克、盐之花 1 克。

5. 巧克力装饰：薄脆巧克力碎适量、盐之花适量、牛奶巧克力适量。

小贴士

甘纳许

Ganache（甘纳许）其实是法文，原本用来指称一种以巧克力和鲜奶油调成的混合液，本意为“缓冲垫”。甜点界所称甘纳许确实入口即化，形成柔软、绵绒般的缓冲垫。甘纳许在19世纪中期就已经出现，可能是源自法国或瑞士。松露巧克力就属于甘纳许，造型如粗糙的麦笋糖球，外覆可可粉或薄薄一层硬巧克力，原本是种简单的自制甜食，进入20世纪之后才改头换面，成为奢华时尚的甜品。

二　工具准备

厨师机、风炉烤箱、烤盘、透气烤垫、筛网、刻模、均质机、裱花袋、烤纸。

三　操作过程

制作巧克力甜面团

① 将黄油与糖粉打发，加入蛋黄，接着将筛好的面粉和可可粉混拌均匀，成团后贴上保鲜膜放入冰箱冷藏1小时后，将面团擀至1.5毫米厚度，用直径为8厘米的刻模取出圆片。在170℃风炉烘烤4分钟，冷却后待用。

制作沙布雷

② 将黄油和糖粉拌匀，按照顺序加入盐之花，熟蛋黄和预先筛好的面粉与土豆淀粉。成团后贴上保鲜膜放入冷藏 1 小时后将面团擀至 6 毫米厚度，用直径为 8 厘米的刻模刻出圆片，中间再镂空 3.5 厘米。在 170℃风炉烤 12 分钟，冷却后待用。

操作提示

沙布雷不需要将黄油完全打发。

制作帕里尼

③ 将巧克力加入薄脆和盐之花，混拌均匀。将其放入两张烘焙纸之间，擀压成 4 毫米的高度，接着用直径 3.5 厘米的刻模刻出圆片待用。

制作焦糖牛奶巧克力甘纳许

④ 煮沸淡奶油，分三次倒在焦糖巧克力上，均质充分，让其冷却待用。

组合与装饰

⑤ 在每一块团面团上放置一片沙布雷，中间处填上一份帕里尼圆片，用裱花袋挤上焦糖牛奶巧克力甘纳许，最后在顶层上也挤上少许，再用帕里尼进行装饰。

四 质量要求

1. 色泽：巧克力色。
2. 口感：香甜。
3. 质感：外脆里嫩。

知识拓展

沙布雷

沙布雷曲奇是一款来自法国的圆形饼干，历史可以追溯到1670年。沙布雷饼干又常被称为沙布列，都是从法文sablé音译而来，意思是像沙一样松碎的口感。

沙布雷的做法也有好多种，比较经典的做法，是将奶油与粉类搓揉混拌，使饼干呈现细致崩散的质地；这个做法也有一个法式名称：sablage（通常翻译为沙状搓揉法），对应sablé的名字。整体色系清新明朗，有着满满的治愈力。吃就更不用说啦，奶香浓郁，酥到掉渣，甜而不腻。轻轻一口，口齿留香。

任务六

榛果柚子费南雪的制作

一 原料准备

1. 榛果费南雪：糖粉 100 克、蛋糕粉 100 克、榛子粉 100 克、蛋白 320 克、糖 140 克、榛子酱 100 克、黄油 580 克。

2. 香脆榛子：烤榛子 280 克、糖粉 120 克、奶粉 60 克、可可粉 31 克、牛奶巧克力 95 克、可可脂 31 克、榛果脆 355 克、薄脆片 71 克。

小贴士

榛子粉与榛子酱

榛子粉是脱脂榛果仁经一定生产工艺过程所得的粉状产品。

榛子酱是用榛子做成的一种酱。分为原味榛子酱和调味榛子酱。原味榛子酱是指用榛子直接压榨研磨而成；调味榛子酱是在原味榛子酱的基础上，复配了其他的配料，比如巧克力，糖等。调味榛子酱有很多种：巧克力榛子酱，加糖榛子酱等。

二　工具准备

电磁炉、筛网、刮刀、烘烤模具、复底锅、裱花袋。

三　操作过程

制作榛果费南雪

① 将黄油烧至深褐色，过滤冷却待用。

② 将冷却后的黄油和其他所有原料搅拌混合即成榛果费南雪面糊。

操作提示

1. 黄油不能烧焦，避免粘锅底。
2. 黄油加入拌匀温度不能过高。

制作香脆榛子

③ 将榛子烤至金黄色打碎，巧克力和可可脂融化。然后将所有原料混合后称出355克和薄脆片拌匀放入冰箱，整形后切成小块待用。

组合与烘烤

④ 将榛果费南雪裱入模具，约占三分之一，放入一块香脆榛子，再裱入其余原料，直至8分满，撒上榛子碎，表面裱上柚子酱。

⑤ 入190℃烤箱，烘烤15分钟至金黄色，出炉冷却后，撒糖粉装饰即成。

四 质量要求

1. 色泽：褐色。
2. 口感：甜。
3. 质感：松软。

知识拓展

费南雪

费南雪是一款来自法国的杏仁蛋糕。主要材料是无盐奶油杏仁粉，口感湿润有弹性，有浓厚的杏仁和奶油味。

费南雪，Financier，在英语中是金融家、财政家的意思。发明这款蛋糕的是19世纪末巴黎证券交易所附近的一家点心房的师傅，为了吸引更多的人来消费，想到做这样一款很像金条一样的小点，取个好寓意。据说还真是受到了很多财经人士的欢迎，因为那些忙碌的金融家们，能很方便地享用这种可以快速吃完并不弄脏他们西装的小点心。从此，这款蛋糕就开始广为流传。

项目四

面包类的制作

面包就是以小麦粉、黑麦粉等粮食作物为基本原料，再加入水、鸡蛋、油脂、糖、盐、酵母等和面并制成面团坯料，经过分割、成形、醒发、焙烤、冷却等过程加工而成的焙烤食品。按材料分，可分为主食面包、花式面包、调理面包、酥油面包。

任务一

彩虹布灵娜面包的制作

一 原料准备

1. 主料：T45 面粉 300 克、鲜酵母 6 克、细糖 30 克、奶粉 10 克、牛奶 175 毫升、黄油 30 克、全蛋液 45 克、盐 3 克。

2. 辅料：食用色素、白巧克力、开心果仁。

3. 汤种：高筋粉 100 克、70℃水 100 克、酵母 3 克。

二 工具准备

打面机、电磁炉，锅，刮刀、擀面杖、电子秤。

三 操作过程

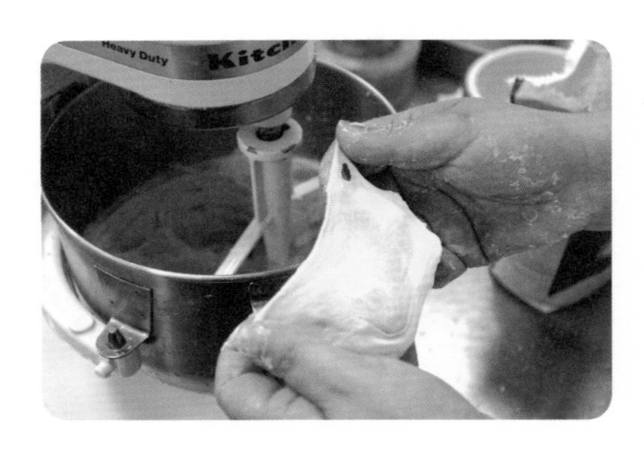

① 搅拌：原料依次加入打面机慢速 4 分钟、快速 10—16 分钟。

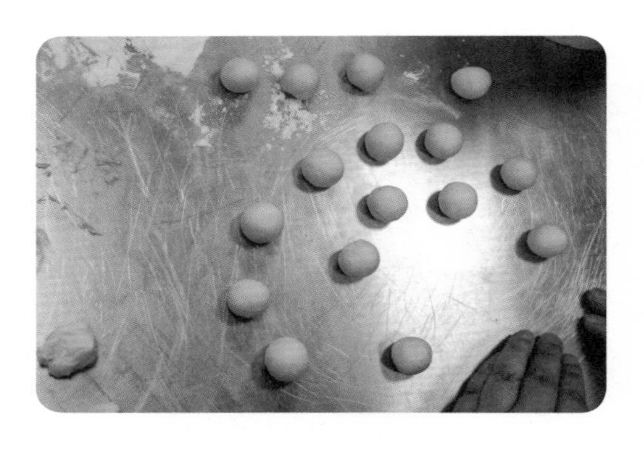

② 分割重量 60 克 / 个搓圆。

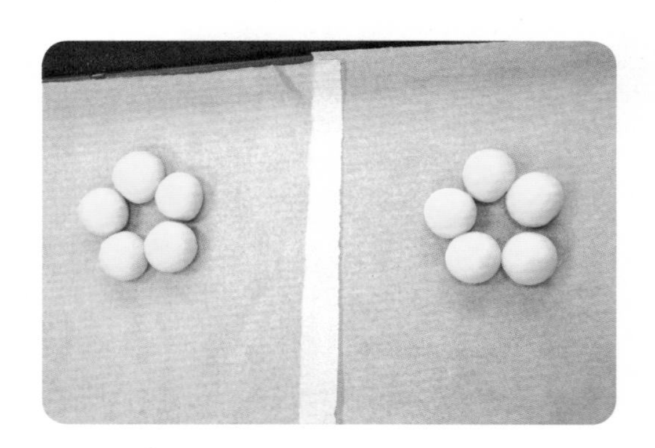

③ 中间松弛 10—20 分钟。

④ 成型：搓圆形 5 个面团围成圆形。

⑤ 醒发：醒发 30 分钟后开油锅炸。

⑥ 油温 170℃炸 50 秒左右，至金黄色。

⑦ 装饰：用白巧克力和色素装饰。

操作提示

1. 汤种需事先准备。所有原料搅拌均匀后，在室温下醒发 4 小时后使用。
2. 面团搅拌时温度控制在 24℃—26℃。
3. 生坯醒发无须醒足，醒发 7 至 8 分（一倍左右）即可。

四 质量要求

1. 色泽：五彩色。
2. 口感：咸、甜。
3. 质感：酥软。

知识拓展

布灵娜面包（德语：Berliner Pfannkuchen，简称为 Berliner）是一种德国传统甜点，类似于甜甜圈，不过中间并没有孔。布灵娜面包以发酵面团炸制而成，中间填入果酱馅，一般上覆糖霜、糖粉或普通的食糖。最初布灵娜面包是一款除夕和狂欢节上的传统糕点，而如今随时都可以买到。在德国一般到了旺季就会提供蛋制利口酒馅、巧克力馅，香草布丁馅的布灵娜面包，或者是撒上蛋制利口酒糖霜的布灵娜面包（蛋制利口酒，一种用鸡蛋和酒调制出来的黏稠的甜酒）。

任务二

郁金香南乳贝果的制作

一 原料准备

1. 主料：高筋粉 500 克、冰牛奶 300 毫升、酵母 7 克、南乳汁 30 毫升、芦荟 20 克、黄油 30 克、盐 2 克、细砂糖 200 克、水 1000 克。

2. 馅料：葡萄干 200 克、南乳 3 块、郁金香酒 100 毫升。

3. 辅料：蛋白液 70 毫升。

小贴士

郁金香酒

上海嘉定南翔有一款创建于清朝的足以令其自豪的名酒——郁金香酒。

郁金香酒按照《南翔镇志》的描述，至少已有三百多年历史。据有关资料记载，这酒并非出自酿酒名师之手，而是一位民间郎中的苦心之作。原来，这位郎中见老母体弱多病，就用上等白元糯米融入多种中草药炮制出了一种药酒，该酒含有郁金、广木香、丁香等中草药，具有润气开胃、舒筋活血等功效，其母常年服用后身体日益健朗，活至耄耋之年。至民国初，南翔镇和嘉定镇有文玉和、王公和、宝康、复泰、黄晖吉等多家酱园生产郁金香酒。民国二十六年（1937），郁金香酒迎来高光时刻，在德国莱比锡博览会上获得金质奖。

1949 年后，郁金香酒得到传承和发展。公私合营后，以宝康酱园为主组成了南翔酱酒商店，此后并入嘉定县供销合作总社所属的嘉定酿造厂。1996 年，嘉定老城区改造，酿造厂不得不停产，百年郁金香酒逐渐淡出人们视线。

2009 年郁金香酒传统技艺被列入上海市非物质文化遗产，原嘉定酿造厂厂长金惠国成为传承人；2014 年，上海郁金香酿造有限公司被评为上海老字号。

二 工具准备

厨师机、擀面棒、电磁炉、羊毛刷、汤锅。

三 制作过程

制馅

① 葡萄干用郁金香酒泡软后，混合南乳搅拌成馅料。

制作面团

② 将所有的粉料放入搅拌机，然后加入冰牛奶和南乳汁，搅拌至 6 成筋，加入黄油丁，继续搅拌至 9 成筋，加入芦荟丁，搅拌至 10 成筋。

③ 将面团放入醒发箱内，在 28℃下发酵 30 分钟，胀发至 1.5 倍大。

分割面团

④ 取出面团，在室温下醒发 10 分钟后，整形分割成每个 90 克的剂子，滚圆。

成形和醒发

⑤ 将每个滚圆的剂子擀成牛舌状或者长方形，夹入馅料，卷成圆圈形。二次醒发，以温度 28℃、湿度 70℃，醒发 25 分钟。

⑥ 糖和水煮沸，转小火，保持不沸腾的状态，将发酵好的贝果放进糖水每面煮 30 秒。

烘烤

⑦ 煮好的贝果上面刷上一层蛋白液，放入到预热好的烤箱内，以上下火 200℃，烤 20 分钟即成。

四 质量要求

1. 色泽：粉红。
2. 口感：香咸。
3. 质感：软、有劲道。

知识拓展

贝果的来历

14 世纪的移民浪潮中，一种被称为椒盐脆饼的厚面包从德国来到波兰，并在此从椒盐卷饼慢慢发展为贝果——这个在当时被称为 obwarzanek 的食物。

按照以上说法，贝果最初并非平民食物，而是贵族所享。14 世纪末，波兰女王雅德维加在大斋节期间吃的就是所谓的 obwarzanek。贝果从贵族美味逐渐走向大众市场，最后成为一种街头小吃，因其强烈的饱腹感，在贫困群体中也相当受欢迎。

另一种说法认为，贝果来自于 17 世纪的奥地利，是一位来自维也纳的面包师发明的。他是为了向波兰国王扬·索比斯基致敬，才把面包烤成马镫的形状。奥地利属于德语片区，在德语中，马镫被写为 Steigbügel。

到 19 世纪，东欧移民将其带入美国，在 1900 年，下东区已经拥有 70 家贝果店。七年之后，国际贝果联盟 International Beige Baker’s Union 逐渐成形。

任务三

配餐红酒提子面包棒的制作

一 原料准备

1. 主料：T55 法式面包粉 400 克、盐 8 克、耐低糖干酵母 4 克、黄油 10 克、奶粉 4 克、冰水 290 克。

2. 辅料：加州葡萄干 140 克、红酒（浸泡用）40 克、核桃仁 200 克。

二 工具准备

厨师机、刮板、擀面棒、羊毛刷、保鲜膜。

三 操作过程

① 将主料中所有材料依次放入厨师机搅拌至起筋。

② 放入醒发箱内醒发，面团发酵至原来的 2—2.5 倍大，用手指按下一个坑，不回缩不变形就表示醒发好了。

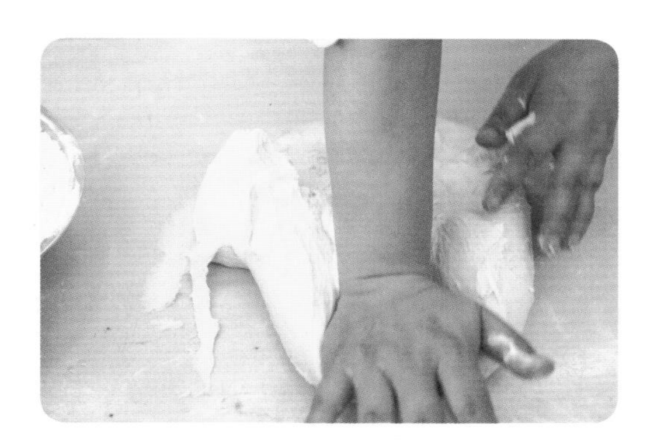

③ 将面团放在案板上，揉面团为面团排气，随后裹上保鲜膜，放在冰箱冷藏松弛 20 分钟。

④ 将辅料加入面团中，造型成面包棒。

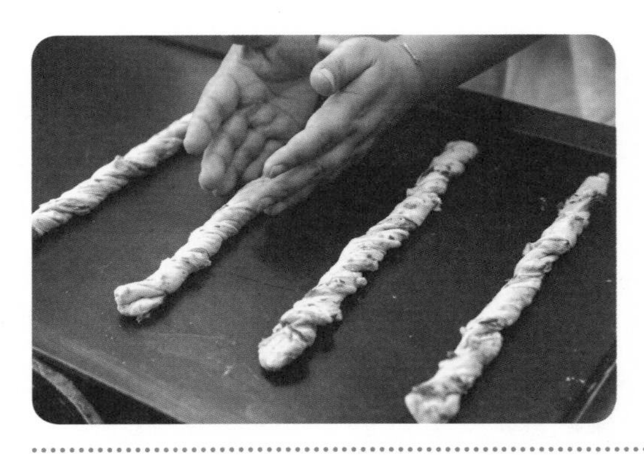

⑤ 面包棒放在烤盘上，互相间留一些间距。

⑥ 放入醒发箱内进行二次醒发，大约40分钟，醒发至原先的两倍大小。

⑦ 在醒发好的面包上面刷一层全蛋液，然后放入180℃烤箱，烘烤15分钟左右即成。

操作提示

1. 发酵温度控制在30℃，不宜过高。过高醒发温度会造成表皮水份蒸发过快而表面结皮，影响成品外观。

2. 在烘烤时注意观察产品上色是否均衡，必要时适当延长时间及转向烘烤。

四 质量要求

1. 色泽：褐色。
2. 口感：香甜、松脆。
3. 质感：外硬里松。

任务四

法式牛角面包的制作

一 原料准备

1. 主料：高筋面粉 170 克、低筋面粉 30 克、细砂糖 35 克、黄油 20 克、奶粉 12 克、鸡蛋 40 克、盐 3 克、干酵母 5 克、水 85 毫升。

2. 辅料：全蛋液（刷表面）适量、黄油（裹入用）70 克。

二 工具准备

厨师机、刮板、擀面棒、保鲜膜、厨师刀、量尺。

三 操作过程

① 将主料中所有材料全部放入面包机中，执行揉面发酵程序。

② 面团发酵至原来的 2—2.5 倍大，用手指按下一个坑，不回缩不变形就表示发酵好了。

③ 将面团放在案板上，揉面团为面团排气，随后裹上保鲜膜，放在冰箱冷藏松弛 20 分钟。

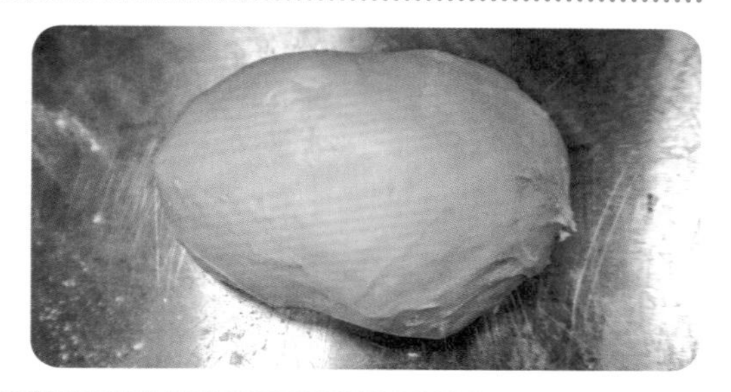

④ 将 70 克裹入用黄油切成片，整齐地码入保鲜袋中。

⑤ 用擀面杖将黄油擀成为薄厚均匀的长方形黄油片，放入冰箱冷藏待用。

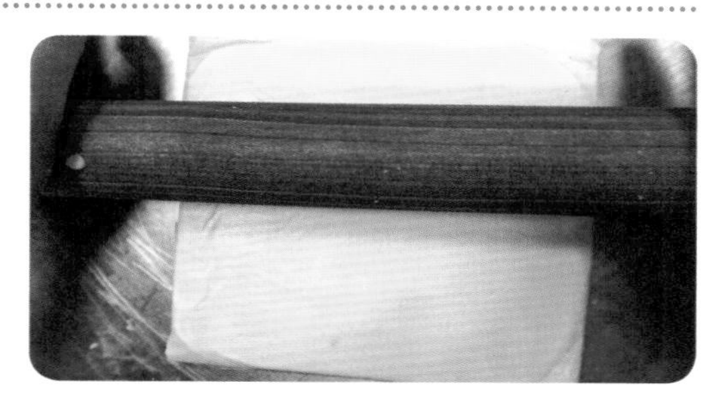

⑥ 将冰箱中松弛好的面团取出，在案板上放些面粉防黏。将面团擀成长方形面片，长度为黄油片 2 倍左右，宽度比黄油片宽一些。

⑦ 将黄油片从冰箱取出，平整地放在面片的正中央。

⑧ 把面片一端翻过来盖在黄油片上。

⑨ 另外一端同样翻过来盖上，上下口都用手压实。

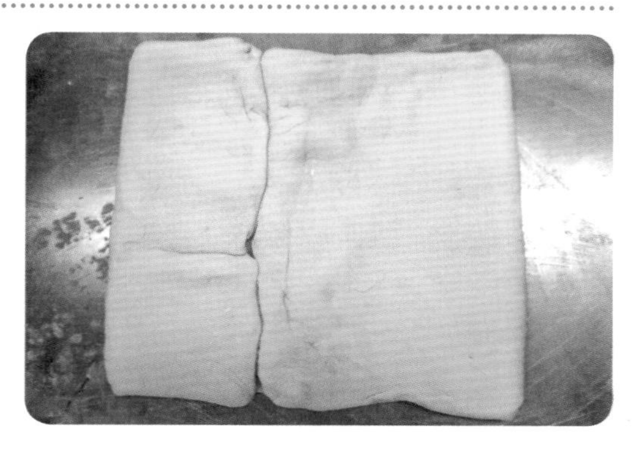

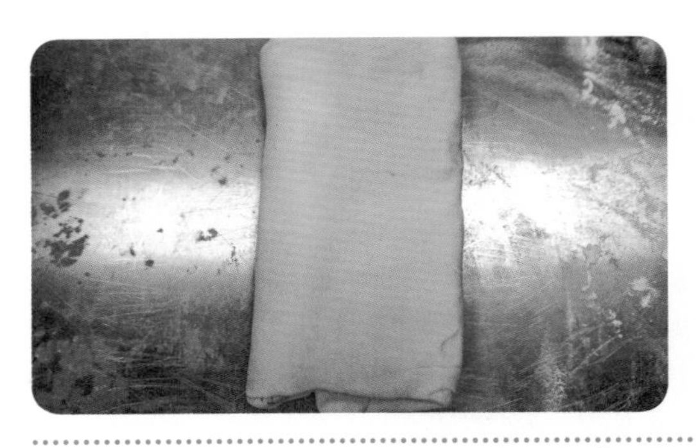

⑩ 将面片旋转 90 度，用擀面杖将面片擀开。擀开时尽量擀成薄厚均匀的面片，不要过于用力将面片擀破。

⑪ 将面片从三分之一处向内折叠。

⑫ 另外一边也同样向内折叠，完成第一次三折。

⑬ 将面团裹上保鲜膜放入冰箱中冷藏松弛 20 分钟。

⑭ 松弛好的面团取出，再次擀成长方面片。

⑮ 重复步骤 ⑪—⑫，完成第二次三折，将面团裹上保鲜膜再次放入冰箱中冷藏松弛 20 分钟。

⑯ 取出松弛好的面团，进行第三次三折，完成三次三折后可颂面团就做好了，包上保鲜膜放入冰箱冷藏 20 分钟。

⑰ 取出步骤 ⑯ 中松弛好的面片，擀成 4 毫米厚的薄片。

⑱ 用刀将面团切成如图高等腰三角形。

⑲ 在三角形底边中间切一刀。

⑳ 如图从底部向上翻卷过来。

㉑ 继续翻卷，直至到顶部，在小尖处刷少许蛋液。

㉒ 最后将面包完全卷好。

㉓ 所有牛角包卷好，放在烤盘上，互相间留一些间距。

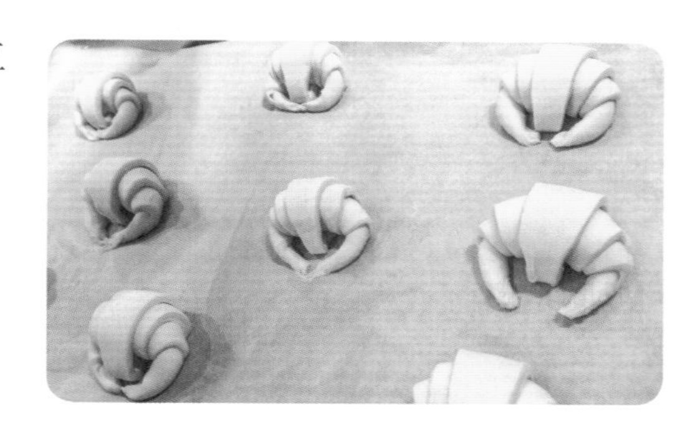

㉔ 放醒发箱内进行二次发酵，温度 30℃，湿度 75%，大约 60 分钟，发酵至原先的两倍大小。

操作提示

1. 擀的时候黄油会出现融化情况，因此静置时可以将面坯放入冰箱冷藏。

2. 发酵温度务必控制在 30℃以内，不然面包中的黄油会融化导致失败。也可以在烤箱中放一碗热水进行发酵程序。

㉕ 在发酵好的面包上面刷一层全蛋液，然后放入上、下火 180℃烤箱，烘烤 15 分钟左右即成。

操作提示

如果上色不理想，适当延长时间。

四 质量要求

1. 色泽：褐色。
2. 口感：咸香。
3. 质感：酥松。

任务五

巧克力面包司康的制作

一 原料准备

1. 种面团：面包粉 195 克、牛奶 345 毫升、鲜酵母 30 克。

2. 本面团：细糖 30 克、盐 15 克、全蛋液 150 毫升、水 160 毫升、黄油 200 克。

3. 辅料：葡萄干 200 克、朗姆酒 200 毫升、橙皮丁 80 克、蔓越莓干 100 克、杏仁条 100 克。

4. 装饰：75% 黑巧克力 500 克，混合果干若干。

小贴士

黑巧克力

欧共体及美国FDA（美国食品及药品管理局）规定黑巧克力的可可含量不应低于35%，而最佳的可可含量在55%—75%之间。可可含量在75%—85%属于特苦型巧克力。黑巧克力中富含对人体健康大有裨益的天然抗氧化成分，其抗氧化成分的含量是与可可含量成正比，可可含量越高，其抗氧化成分的含量也越高。黑巧克力对降低血压，改善血管功能，促进血管扩张等都有积极的影响。另外，可可含量高的黑巧克力还有助于肌肤抵御氧化侵害、延缓皱纹的产生、预防并改善皮肤色素沉积，还能保护皮肤细胞，为肌肤提供营养。

二 工具准备

厨师机、电磁炉、锅、刮刀、擀面杖、电子秤、牛角尖刀。

三 操作过程

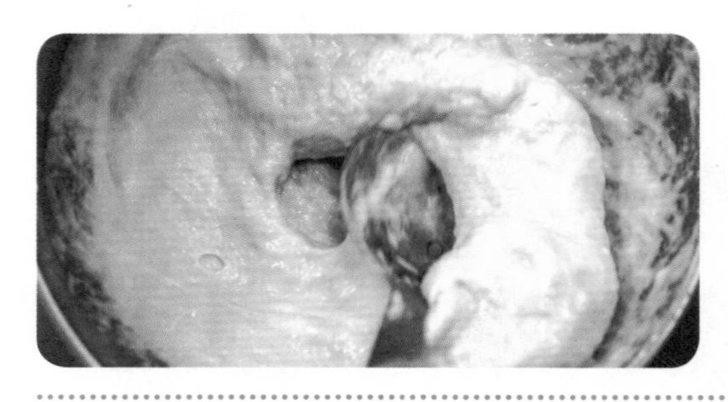

制作种面团

① 面包粉、牛奶 、鲜酵母一起搅拌均匀，静置30分钟。

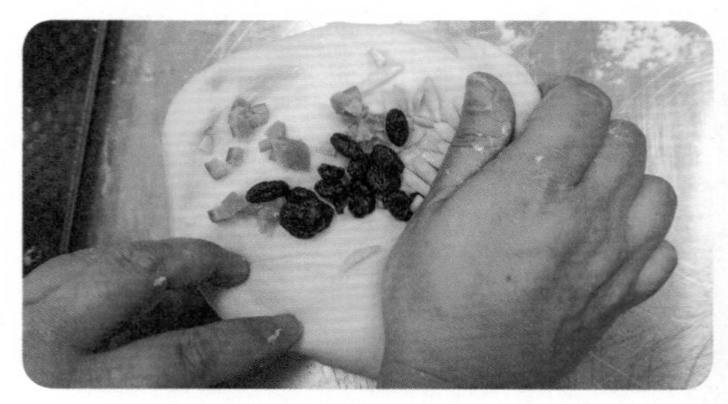

制作本面团

② 细糖、盐、全蛋液、水、黄油加入静置后的种面团里。

处理辅料

③ 将葡萄干、橙皮丁、蔓越莓干 、杏仁条混合在一起用朗姆酒浸泡腌渍。

④ 将腌渍过的辅料在面团起八分筋时加入，搅拌至完全起筋。

分剂、成形及烘烤

⑤ 将面团分割为每个重量为360克的剂子，搓圆擀扁再一分为八，成形后醒发。

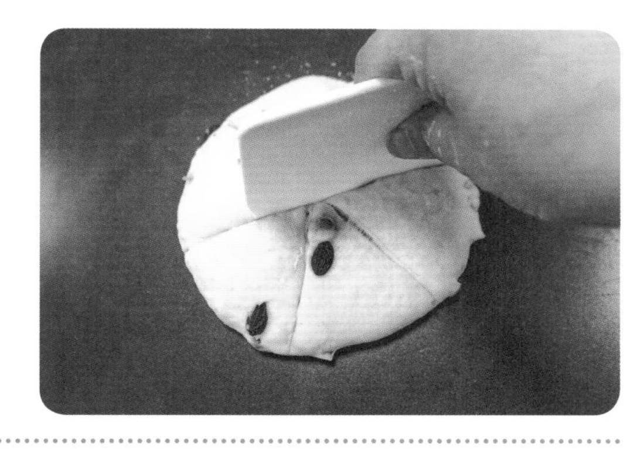

⑥ 放入烤盘，入上火180℃、下火170℃的烤箱，烘烤15—20分钟即成。

装饰

⑦ 巧克力隔水融化，冷却至37℃后抹在面包司康上，撒上混合果干即可。

四 质量要求

1. 色泽：褐色。
2. 口感：甜香。
3. 质感：松软。

知识拓展

司康的来历

司康是起源于苏格兰的一种英式快速面包，它的名字是由苏格兰一块具有长久历史且被称为司康之石的石头而来的。传统的烤饼是做成三角形，以燕麦为主料，饭团放在浅锅里烤薄饼。现在面粉成了主料，像普通面食一样放在烤箱里烘烤，形状不再是一成不变的三角形，而是可以做成圆形、正方形、菱形等各种形状。烤饼可以制成甜味或咸味，既可以作为早餐，也可以作为小吃。

项目五
其他类制品的制作

这一项目制作里我们安排了冻品、慕斯、乳酪杯和泡芙四个品种的制作。我们从原料、造型上大胆创新，相信能给你耳目一新的感觉。

冻是以果汁或者水加以明胶的凝胶作用凝固而成，使用不同的模具，可生产出风格、形态各异的成品。一般情况下，冻制品要经过冻液调制、装模、冷藏等加工工序制作而成。

任务一

马苏里拉火腿蜜瓜冻的制作

一 原料准备

1. 蜜瓜果冻：新鲜蜜瓜果泥 450 克、吉利丁片 20 克。
2. 薄荷酱汁：薄荷叶 50 克、水 100 毫升、糖 20 克、吉利丁 5 克。
3. 马苏里拉泡沫：马苏里拉奶酪 300 克、奶酪水 170 克、吉利丁 10 克。
4. 辅料：帕尔马火腿 20 克。

小贴士

马苏里拉奶酪

马苏里拉奶酪是一种意大利传统奶酪，为制作上等比萨饼必不可少的原料之一。作为一种意大利传统美食，特别是水牛奶制作的马苏里拉奶酪，更属上品，年产量只有3.3万吨，其中16%供出口。

二 工具准备

电磁炉、复底锅、搅拌机、气瓶、氮气子弹、筛网、刮刀、均质机、裱花袋、小酒杯。

三 操作过程

制作蜜瓜冻

① 取出三分之一的蜜瓜果泥，加热融化吉利丁，滴入杯中，放冰箱冷冻。

制作薄荷酱汁

② 将薄荷叶放入开水中余烫30秒，冰镇挤干水分，加入冷却后的薄荷水、吉利丁、糖，一同加入粉碎机打均匀，待用。

制作马苏里拉泡沫

③ 将马苏里拉奶酪水加热，融化吉利丁，与其他食材一起加入料理机后，打均匀过滤。倒入气瓶，加入氮气子弹待用。

组合与装饰

④ 将薄荷汁倒入蜜瓜冻中，冷冻后取出，挤入马苏里拉泡沫，表面放一片火腿薄片。

四 质量要求

1. 色泽：红绿相间。
2. 口感：甜，咸香。
3. 质感：入口即化。

任务二

燕麦生椰奶露慕斯的制作

一 原料准备

1. 燕麦脆脆：燕麦片 50 克、黑芝麻 10 克、坚果 5 克、白芝麻 10 克、葵花仁 15 克、火龙果粉 3 克、薄脆粉 65 克。

2. 燕麦蛋糕胚：鲜鸡蛋 10 个、蜂蜜 7 克、白砂糖 120 克、低筋面粉 90 克、燕麦粉 20 克、色拉油 30 克、牛奶 35 克。

3. 椰子奶油：新鲜椰子 7 克、椰子果茸 35 克、椰浆 15 克、吉利丁 2.5 克、马里布酒 3 克、稀奶油 15 克、马斯卡彭奶酪 10 克。

4. 燕麦生椰慕斯：燕麦奶 110 克、白巧克力 120 克、稀奶油 210 克、燕麦米 35 克、吉利丁 6 克、可可脂 10 克。

5. 装饰：糖丝 10 克。

小贴士

燕　麦

燕麦又称莜麦，俗称油麦、玉麦，是一种低糖、高营养、高能食品。燕麦经过精细加工制成麦片，使其食用更加方便，口感也得到改善，成为深受欢迎的保健食品。其中的膳食纤维具有许多有益于健康的生物作用。可降低甘油三脂的低密度脂肪蛋白，促使胆固醇排泄，防治糖尿病；可通便导泄，对于习惯性便秘患者有很好的帮助。燕麦片属低热食品，食后易引起饱感，长期食用具有减肥功效。此外，燕麦中含有丰富的维生素 B_1、B_2、E、叶酸等，可以改善血液循环、缓解生活工作带来的压力；含有的钙、磷、铁、锌、锰等矿物质也有预防骨质疏松、促进伤口愈合、防止贫血的功效。

二 工具准备

厨师机、电磁炉、网筛、刮刀、均质机、打蛋器、抹刀、转盘、复合平底锅、硅胶模具、网架、量杯、不锈钢盆、裱花袋。

三 操作过程

制作燕麦脆脆

① 燕麦与坚果拌匀，整形烘烤定型待用。

制作燕麦蛋糕坯

② 糖与蛋加热至 40℃，中高速搅拌 1 分钟加入蜂蜜。继续中高速搅拌至面糊浓厚细腻，改慢速 1 分钟加入过筛好的低筋粉和燕麦粉，拌匀。

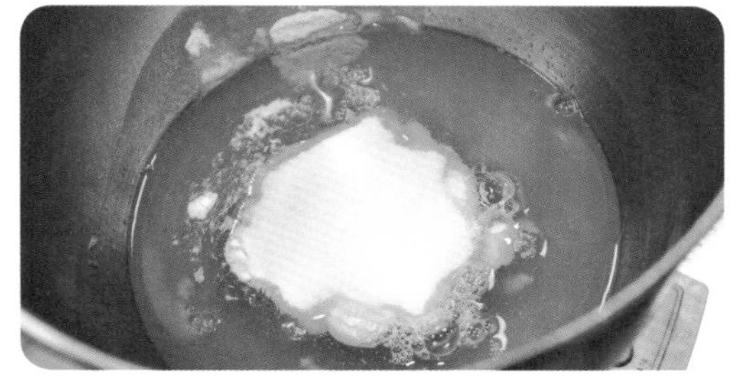

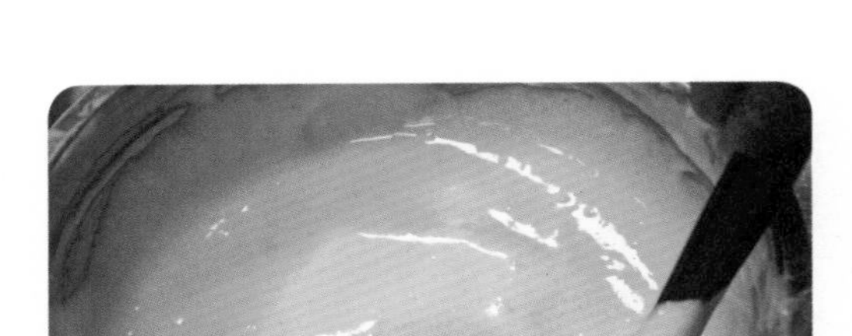

③ 低筋粉、燕麦粉混合过筛待用。

④ 色拉油与牛奶加热后，分次加入拌匀面糊。

⑤ 装入烤盘抹平。

⑥ 烘烤温度：入炉上火 180℃、下火 160℃的烤箱，烘烤时间：12 分钟后，方向调换，再烤制约 3 分钟。

⑦ 燕麦米煮熟过冰水待用。

制作椰子奶油

⑧ 将椰子果茸与椰子、椰浆混合加热至 80℃，降温至 40℃左右，加入马斯卡彭奶酪拌匀，加入融化的吉利丁和马里布酒，再加入打发（湿性发泡）的稀奶油拌匀，入模冷冻后待用。

制作燕麦生椰慕斯

⑨ 将燕麦奶加热至 80℃与隔水融化的白巧克力可可脂拌匀后，加入煮熟的燕麦米，再加入融化好的吉利丁拌匀，将温度降低到 45℃左右，再加入打发（湿性发泡）的稀奶油拌匀，加入燕麦米拌匀，入模冷冻即可。

⑩ 取出冷冻好的燕麦慕斯体脱模待用，将烘烤后（冷却）的燕麦脆脆饼装饰慕斯底部，将熬好的糖拉成糖丝冷却定型待用，最后把可食用的装饰件依次装饰在燕麦慕斯表面即可。

四　质量要求

1. 色泽：淡黄色。
2. 口感：燕麦风味纯正，化口性好，层次丰富。
3. 质感：表面光滑，造型优美。

知识拓展

何为生椰？

生椰通常指的就是“椰奶”。“生”这个词充满了“新鲜”“天然”“无添加”的暗示。椰奶是由椰汁和研磨加工的成熟椰肉而成，其主要成分为淀粉和饱和性脂肪酸，低蛋白无纤维。

椰奶营养丰富，是养生、美容的佳品。椰奶中含大量蛋白质、果糖、葡萄糖、蔗糖、脂肪、维生素 B_1、维生素 E、维生素 C、钾、钙、镁等。椰奶有很好的清凉消暑、生津止渴的功效。椰奶还有强心、利尿、驱虫、止呕止泻的功效。

任务三

菠萝生姜乳酪杯的制作

一 原料准备

1. 菠萝生姜：砂糖 100 克、水 30 毫升、菠萝 300 克、生姜 2 克、白朗姆酒 15 毫升、吉利丁 5 克。

2. 乳酪气泡：奶油奶酪 70 克、清酒 60 毫升、糖粉 30 克、奶油 100 克。

3. 菠萝冰沙：菠萝果蓉 80 克、水 80 毫升、菠萝果酒 20 毫升。

小贴士

奶油奶酪

奶油奶酪是奶酪的一种，但不是奶油的一种。奶油奶酪可以买现成的，也可以自己做。奶油奶酪是一种没有或不完全进行脱脂工艺并且只经过短时间发酵的全脂鲜奶酪，它色泽洁白，质地柔软，近乎于奶油，很适合涂抹也常被用于制作蛋糕但是保存期很短。

二　工具准备

厨师机、筛网、刮刀、裱花袋、电磁炉、复底锅、气瓶、氮气子弹、冰沙机。

三　操作过程

制作姜味菠萝酱

① 将菠萝切丁，砂糖与水煮到120℃，加入菠萝后煮到呈现透明状态，加入生姜末，再煮一分钟后，加入吉利丁冷却，加入白朗姆酒。

制作乳酪气泡

② 将奶油芝士适当加热回软，与其他原料混匀后过筛。倒入气瓶中加入两颗氮气子弹待用。

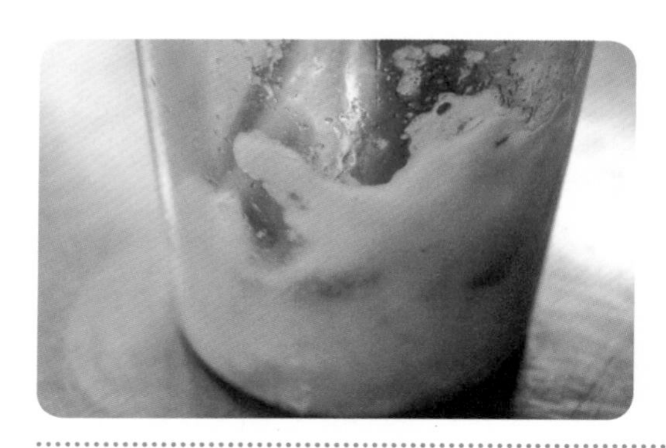

制作菠萝冰沙

③ 将所有原料混合速冻后放入冰沙机打碎。

组合与装饰

④ 在杯子底部放入姜味菠萝酱，打入乳酪气泡，最后在顶部撒入菠萝冰沙装饰即可成。

四 质量要求

1. 色泽：黄白相间。
2. 口感：甜。
3. 质感：滑、爽、软。

任务四

摩卡巧克力慕斯制作

一 原料准备

1. 巧克力慕斯：蛋黄 3 只、细砂糖 120 克、全蛋 1 只、明胶 6 克、巧克力 365 克、水 150 毫升、淡奶油 1 升、朗姆酒适量。

2. 奶泡：牛奶 75 毫升、冻牛奶 375 毫升、明胶 18 克、咖啡 1.5 克。

小贴士

巧克力的历史

巧克力（chocolate）最初来源于中美洲热带雨林中野生可可树的果实可可豆。1300多年前，约克坦玛雅印第安人用焙炒过的可可豆做了一种饮料叫chocolate。早期的chocolate是一种油腻的饮料，因为炒过的可可豆中含50%以上油脂，人们开始把面粉和其他淀粉物质加到饮料中来降低其油腻度。16世纪初的西班牙探险家埃尔南·科尔特斯在墨西哥发现：当地的阿兹特克国王饮用一种可可豆加水和香料制成的饮料，科尔特斯品尝后在1528年带回西班牙，并在西非一个小岛上种植了可可树。西班牙人将可可豆磨成了粉，从中加入了水和糖，在加热后被制成的饮料称为“巧克力”，深受大众的欢迎。不久其制作方法被意大利人学会，并且很快传遍整个欧洲。1642年，巧克力被作为药品引入法国，由天主教人士食用。1765年，巧克力进入美国，被本杰明·富兰克林赞为“具有健康和营养的甜点”。1828年，荷兰Van HOUTEN制作了可可压榨机，以便从可可液中压榨出剩余的粉状物。由Van HOUTEN压榨出的可可油脂与碾碎的可可豆及白糖混合，世界上第一块巧克力就诞生了。经过发酵、干燥和焙炒之后的可可豆，加工成可可液块、可可脂和可可粉后会产生浓郁而独特的香味，这种天然香气正是构成巧克力的主体。1847年，巧克力饮料中被加入可可脂，制成如今人们熟知的可咀嚼巧克力块。1875年，瑞士发明了制造牛奶巧克力的方法，从而有了所看到的巧克力。1914年，第一次世界大战刺激了巧克力的生产，巧克力被运到战场分发给士兵。巧克力由多种原料混合而成，但其风味主要取决于可可本身的滋味。可可中含有可可碱和咖啡碱，带来令人愉快的苦味；可可中的单宁质有淡淡的涩味，可可脂能产生肥腴滑爽的味感。可可的苦、涩、酸，可可脂的滑，借助砂糖或乳粉、乳脂、麦芽、卵磷脂、香兰素等辅料，再经过精湛的加工工艺，使得巧克力不仅保持了可可独有的滋味并且让它更加和谐、愉悦和可口。

二 工具准备

厨师机、刮刀、料盆、电子秤、牛角尖刀、裱花袋。

三 操作过程

制作巧克力慕斯

① 糖加入水，煮至120℃，加入用冰水软化好的明胶片，冲入全蛋和蛋黄混合物中快速搅拌。

② 加入隔水融化好的巧克力和朗姆酒。

③ 淡奶油打发至6成拌入均匀。

④ 将制作好的巧克力慕斯倒入模具中冷却1小时，待用。

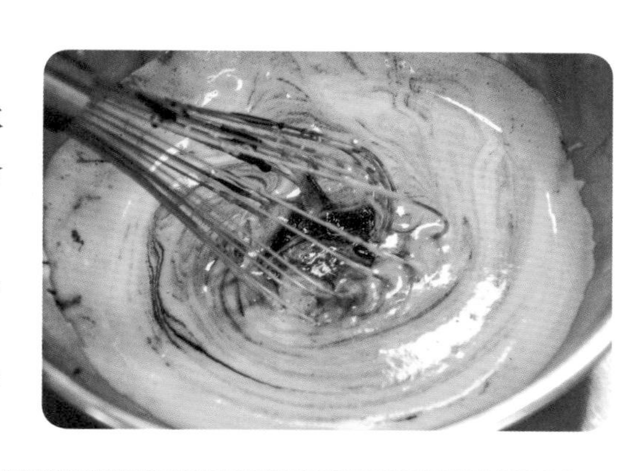

制作奶泡

⑤ 牛奶加热，打入冰水软化好的明胶片和咖啡。

⑥ 加入冻牛奶打成泡沫。

⑦ 将打发好的奶泡覆盖在冰冷好的巧克力慕斯上面即可。

⑧ 撒上少许防潮可可粉装饰。

操作提示

注意打发的淡奶油要等巧克力酱冷却至40℃左右时，方可加入。

四 质量要求

1. 色泽：白色。
2. 口感：甜、巧克力味。
3. 质感：滑爽、入口即化。

知识拓展

慕 斯

慕斯与布丁一样属于甜点的一种，源于法国，其性质较布丁更柔软，入口即化。慕斯也指胶状物质。慕斯的英文是mousse，是一种奶冻式的甜点，可以直接吃或做蛋糕夹层。通常是加入奶油与凝固剂来制成浓稠冻状的效果，是用明胶凝结乳酪及鲜奶油而成，不必烘烤即可食用。为现今高级蛋糕的代表。夏季要低温冷藏，冬季无须冷藏可保存3—5天。制作慕斯最重要的是胶冻原料如琼脂、鱼胶粉、果冻粉等，也有专门的慕斯粉。另外制作时最大的特点是配方中的蛋白、蛋黄、鲜奶油都须单独与糖打发，再混入一起拌匀，所以质地较为松软，有点像打发了的鲜奶油。慕斯使用的胶冻原料是动物胶，所以需要置于低温处存放。

任务五

椰香榛子泡芙的制作

一 原料准备

1. 泡芙面团：水 125 毫升、牛奶 125 毫升、黄油 125 克、盐 5 克、糖 10 克、低筋粉 150 克、鸡蛋 5 个。

2. 酥皮：低筋粉 100 克、黄油 80 克、砂糖 80 克。

3. 焦糖：砂糖 200 克、热水 50 毫升。

4. 榛子酱：焦糖 50 克、榛子 75 克、椰丝 112 克。

5. 卡仕达酱：牛奶 250 毫升、砂糖 50 克、鸡蛋 1 个、蛋黄 1 个、鹰粟粉 30 克。

6. 奶油酱：黄油 270 克、砂糖 163 克、水 40 毫升、蛋清 76 毫升。

小贴士

榛　子

榛子有“坚果之王”的美称。受到全世界各国人民的喜爱。榛子味甘、性平、无毒。有益脾胃，补血气，宽肠明目的作用。可治食欲不振，肌体消瘦，体倦乏力，体虚眼花等症。还有杀虫，治小儿疳积作用。

二　工具准备

烤箱、厨师机、电磁炉、单柄奶锅、筛网、刮刀、温度计、圆形刻模、烘焙纸、擀面杖、打蛋器。

三　操作过程

制作酥皮

① 黄油加入砂糖打发至乳白色。

② 加入蛋糕粉顺时针拌匀直至不见粉末。

③ 将面团取出放在烘焙纸上压平，再盖上烘焙纸。

④ 用擀面杖由中心向四周擀至 3 毫米厚度，放入冷藏冰箱冷藏 30 分钟。

⑤ 取出酥皮用圆形刻模刻出需要的大小待用。

制作泡芙面团

⑥ 牛奶加入黄油、盐、糖、水煮至沸腾。

⑦ 加入面粉混合均匀，放在炉上炒2—3分钟，至锅底起一层薄膜即可停止加热。

⑧ 搅拌至微微冷却后，分3次加入蛋液混合均匀。

⑨ 将面糊装入裱花袋挤成圆形，放入冷冻冰箱，冷冻1小时。

⑩ 取出冷冻泡芙面团用圆形刻模在中心点刻下取出面团。

⑪ 入上火190℃、下火180℃烤箱烘烤25分钟后，改以上火160℃、下火170℃，烘烤15分钟。

制作焦糖

⑫ 取单柄奶锅烧热，撒入少许盐，加入砂糖用刮刀不停翻炒至深棕红色。

⑬ 分多次将砂糖加入锅中。

⑭ 将热水加入已呈深棕红色的焦糖中搅拌融合。

⑮ 冷却待用。

制作榛子酱

⑯ 将榛子、椰丝分别放在烤盘上放入烤箱烘烤至金黄色。

⑰ 焦糖加入榛子、椰丝放入粉碎机进行粉碎。

制作卡仕达酱

⑱ 砂糖加入鸡蛋、蛋黄用打蛋器搅拌。

⑲ 加入鹰粟粉搅拌。

⑳ 用筛网过滤。

㉑ 牛奶倒入锅中煮开，取一半倒入已过滤的蛋液中搅拌均匀。

㉒ 把搅拌的面糊倒入锅中，调中火按顺时针方向不停搅拌至其呈糊状。

㉓ 冷却待用。

制作奶油酱

㉔ 取蛋清用厨师机用中速进行搅拌。

㉕ 砂糖倒入水中熬煮至 121℃。

㉖ 厨师机调制快档，将熬好的糖油快速倒入在搅拌中的蛋清里。

㉗ 蛋清搅拌至微冷后将已分小块的黄油分多次加入。

组合与装饰

㉘ 将烘烤好的泡芙在三分之一处横切。

㉙ 将榛子酱装入裱花袋用圆形裱花嘴在横切好的泡芙下半部表面延边裱。

㉚ 再将卡仕达酱装入裱花袋，用圆形裱花嘴在已裱好的榛子酱上再挤裱上卡仕达酱。

㉛ 奶油酱、卡仕达酱、榛子酱按 6:4:1 的比例搅拌。

㉜ 将搅拌好榛子奶油酱装入裱花袋用 8 齿中号裱花嘴在已挤裱好的卡仕达酱上挤裱流线型。

㉝ 在已挤裱好的榛子奶油酱上盖上余下的泡芙，装饰装盘即可。

四 质量要求

1. 色泽：褐色。
2. 口感：甜。
3. 质感：软酥。

知识拓展

泡芙的由来

泡芙是一种源自意大利的甜食。传说它是凯瑟琳·德·梅第奇的厨师发明的，16世纪传入法国。

泡芙的诞生，在技术上被人们认为是偶然无意中发现的。

从前，奥地利的哈布斯王朝和法国的波旁王朝长期争夺欧洲主导权，双方战得精疲力竭，为避免邻国渔翁得利，后来双方达成政治联姻的协议。于是奥地利公主玛丽·安托瓦内特公主，与法国王子路易十六就在凡尔赛宫内举行婚宴。

泡芙就是这场两国盛宴的压轴甜点，为长期的战争画下休止符，从此泡芙在法国成为象征吉庆、示好的甜点，在节庆典礼场合如婴儿诞生或新人结婚时，都习惯将泡芙蘸焦糖后堆成塔状庆祝，称作泡芙塔，象征喜庆与祝贺之意。

后　记

《潮流西点制作》经过约一年时间的策划、讨论、约稿、编写、拍摄，目前即将进入付梓阶段。编者回忆这一年来的经历，感慨万千。

首先是书名的解读。对于潮流的认知，可以说仁者见仁智者见智，一千个读者眼中就会有一千个哈姆雷特。潮流可以是时尚，也可以是经典，还可以是对生活的态度……

其次，《潮流西点制作》作为编者任教的中华职业学校西餐烹饪专业现代学徒制试点的实习实训课程，得到了上海声强餐饮管理有限公司旗下的双大师工作室的大力支持。行业大师在为学生授课的过程中，自带深厚的人文知识与娴熟的操作技艺，让师生们获益匪浅。编者认识到作为一名职业教育的工作者，自己应该做点什么。出于学习的目的，我和赵玲老师一起编写了此书。由于编者水平有限，对原料知识和操作技艺的认知十分肤浅，以致在交稿时仍感觉书中有一些内容没有讲解清楚，文中也一定会出现疏漏和错误之处，因此恳请读者批评指正。

最后，要特别鸣谢此书在编写过程中给予我指导的专家学者。食文化专家王克平先生一直给予我精神上的支持和鼓励，让我能够在教学之余专注于创作，从始至终指导这本书得以完成；上海声强餐饮管理有限公司旗下的行业大师们对书稿中的很多内容花费了时间和精力；中西书局的唐少波先生为书稿的文字加工更是花费了大量的精力和心血。没有他们的辛勤付出与支持，编者毫无著述之经验，是无法完成此项工作的，在此深深感谢他们。

朱　莉

于 2023 年 6 月

襄助本书编写的上海西点行业专家

孙玉明 中共上海市委党校厨师长；国家职业技能鉴定西式面点考评员，国家一级西式面点师；中国烹饪大师，烘焙技师。

陈怡 国家职业技能鉴定西式面点师考评员，国家一级西式面点师；曾任上海外高桥皇冠假日酒店饼房厨师长、外滩3号黄浦汇饼房厨师长。

吴周成 国家职业技能鉴定西式面点师考评员，国家一级西式面点师；全国技术能手，全国焙烤技术能手；中国焙烤名师，上海市首席技师。

季寅君 上海宝格丽酒店行政副总厨；国家职业技能鉴定西式面点师考评员，国家一级西式面点师；FHC中国国际甜品烘焙大赛西点裁判，世界技能大赛选拔赛裁判；首届中国甜品杯银奖及最佳口味奖。

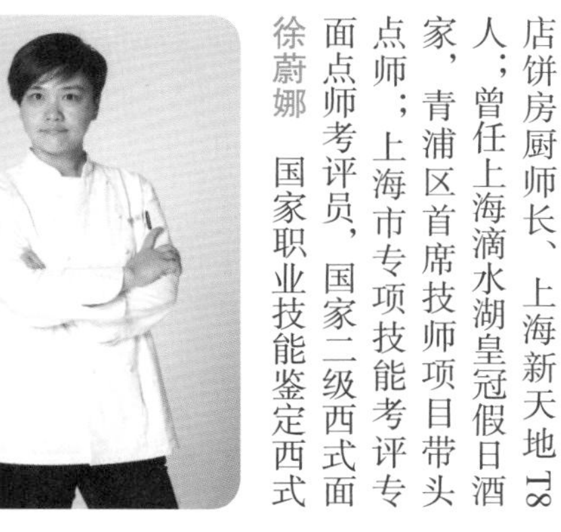

徐蔚娜 国家职业技能鉴定西式面点师考评员，国家二级西式面点师；上海市专项技能考评专家，青浦区首席技师项目带头人；曾任上海滴水湖皇冠假日酒店饼房厨师长、上海新天地T8餐厅饼房厨师长。

钱晓 国家职业技能鉴定西式面点师考评员，国家二级西式面点师；注册中国烹饪大师，上海市首席技师；上海市技能大师工作室主持人。